優渥叢書

優渥叢書

優渥叢書

社畜的理財計畫

NHK「あさイチ」お金が貯まる財布のひみつ

日本財務規畫專家教你如何四十歲前存到3000萬！

橫山光昭、伊豫部紀子◎著

黃瓊仙◎譯

CONTENTS

第4章 夫妻一起做理財計畫，四十歲前輕鬆存到3000萬！ 189

第5章 有錢人想的跟你不一樣，因為他們……

CONTENTS

推薦序

存錢背後的生活態度

知名財經作家　王志鈞

對於沒有聽過我的理財講座的人，我推薦您一定要將這本書買回家，因為當中的內容，有一二〇％與我的理論如出一轍。多出二〇％，是因為作者橫山光昭比我更厲害，已幫助超過兩萬戶赤字家庭重見光明。

在台灣，我也自詡為平民理財家。十多年來，在各大城市舉辦的公益理財講座超過上百場，我與橫山光昭先生唯一的不同是，我堅持不上電視！

如果身在日本，我或許會考慮吧。這是因為，台灣與日本的媒體環境和文化有著天壤之別。在台灣，想把「投資」與「理財」的差異解釋清楚，不但主持人沒耐心聽完，製作單位甚至會請我下次別再來了。

台灣人總是希望能快速致富，大家期待財經專家分享的，都是當下應該投資什

麼才會賺錢。但正確的理財應該是「堅定自己的生活態度，腳踏實地、按部就班地向前邁進。」（見本書第五章）

當出版社拿書稿來邀請我寫序時，我本來有點不太情願。因為我一向反對「遠來的和尚會唸經」的翻譯書做法，甚至出版社還要請本地作家幫忙吹捧一番。但看了本書的文案，便有深獲我心之感。

我只用一個下午的時間，就把全書翻閱完畢，而且逐頁按讚。作者說：「錢確實非常重要。可是，錢的背後有著更重要的東西。」這句話我深感認同。

說說我自己的故事吧。我之所以會成為理財作家，是因為家母十多年前被詐騙集團所騙，一騙就是五、六年。她聽信宗教斂財者的話，不斷借錢匯到不知名的戶頭，希望換取一組號稱能中上億彩券的頭彩號碼。

家母當時若拿著這數百萬現金，去台北買一間房子，現在價值早已翻上三倍，成為千萬富婆。她如此荒謬的行徑，讓我深深體會到一件事：「當一個人的內心焦慮不安，就會渴望用金錢來消弭不安，但追求金錢卻只是飲鴆止渴。」

「**真正能讓人內心安定的，不是錢，而是對金錢的正確態度。**」這是我十年來寫了二十本財經書，反覆向大眾闡述的核心理念。我之所以堅持不斷演講，面對面地向陌生人演說，便是希望能讓更多人知道，正確的理財是「理生活」，而不是盲目追求財富。

十多年來，我不斷進行無酬理財教育，同時背負著家母的龐大債務，但我從不為金錢感到憂慮，也沒有一天缺過錢。相較之下，不少台北的朋友可能坐擁兩幢房子，卻始終擔心失業、退休金不夠。我時常慶幸，自己善於理財，不必捲入這種市場共業中。

理財很簡單，也很難。只要念頭一轉，錢會自動來追你；難就難在一般人「窮追錢」的觀念很難轉。閱讀完這本書，相信您對此會有更深的體悟！

本文作者為王老師財富管理學院執行長，致力深耕台灣家庭理財教育已十年。著有《每月必存8800的理財魔法》等書。

前言

我討厭節儉，也沒有厲害的投資技巧，因此……

對錢財的不安，是否像條垂在身後的尾巴，無時無刻跟著你呢？儘管平時不會察覺，但這條尾巴有時會像煞車器，揪著你不能去做想做的事，或是讓你莫名地感到胸口隱隱作痛。

任何人被問到想不想成為有錢人，應該都會大喊：「當然想啊！」可是，想成為有錢人的真正理由，並不是為了能在自家的游泳池畔開心暢飲香檳，而是希望能從對錢財的不安中獲得解放。

我是NHK《朝一》節目的導播之一。《朝一》是NHK晨間劇之後，於平日時段播出的生活資訊類節目。我因為是自由導播，所以時常感到前途一片黑暗，對於錢財充滿各種不安。

我一直在思索，這世上是否存在消除錢財不安的方法？並不是對眼前的悽慘生活視而不見，而是真正不再因為錢而煩惱。

一旦對錢財沒有安全感，每天的生活就會如同伴隨著黑影。

在服飾店與命運的裙子相遇時，我們可能會為了避開店員的視線，沒有正大光明地拉出價碼牌，而是躲進更衣室內確認，翻開價格一看，忍不住驚嘆：「天啊、真貴！」

嘴上問店員：「屁股看起來不會太大嗎？」內心卻又希望店員說：「完全不會，很合身喔！」希望有人在背後推一把，讓自己能夠下定決心。於是，拚命擠出各種非買不可的理由，最後終於突破價格的心理障礙，買了下來。但是，比起買了裙子的喜悅，更多的是「怎麼又亂花錢了」的懊悔。

而且，對錢財感到不安，就更容易發生錢財減少的狀況。

「一定會賺錢的。等賺了錢，我們就出國旅行，大買高級保養品！」在朋友的慫恿下，當時覺得一定會大賺而買進的股票，後來因為雷曼事件慘賠。現在就算每天省個幾百日圓，也不過是杯水車薪，完全彌補不了虧損的破洞。同時，我還發現丈夫使用信用卡貸款，負債數字高達數百萬日圓。我忍不住盯著空無一物的雙手，大喊：「我明明這麼珍惜金錢，為什麼會淪落到這種地步！」

在我過著如此不堪的財務生活時，參與了《朝一》的「女人理財」單元企劃，而認識了彷彿穿著印有「金福」二字西裝的家計重生專家橫山光昭先生。我彷彿要將橫山先生全身榨乾般，從他身上吸收了所有消除錢財不安的秘訣。

截至當時為止，橫山先生已經幫助超過八千五百個家庭改善家計（編註：繁體中文版出版時，已幫助超過一萬人的赤字家計重見光明），理財相關著作超過四十冊。橫山先生的理財術獲得認證，深受好評。因為我的死纏爛打，在節目中，橫山先生傳授了許多首度公開的理財秘技。

這些理財秘技當中，有的是橫山家正在實際實踐，有的是他與前來求助的客戶，一起絞盡腦汁想出來的。

節目播出後大獲好評，橫山先生也非常投入，希望能讓更多人知道這些理財秘技，幫助更多為錢所苦的人。

因此，我這個理財劣等生與家計重生專家攜手合作，撰寫本書，希望能夠幫助大家消除對錢財的不安。

我問過橫山先生，是否曾經對錢財感到不安。

他回答：「沒有。」我又問：「是因為收入高，所以不擔心嗎？」他說並非如此。橫山先生有六個孩子，年紀從嬰兒到大學生都有，教育費的支出相當驚人。而且，他的客戶都是面臨財務困境的人，他需要花很長的時間，一對一解決他們的問題，一天最多只能受理三位客戶，所以他的職業絕對稱不上日進斗金。儘管如此，橫山先生卻完全不會感到不安，那張光潤的圓臉每天都笑容可掬。

橫山先生常常這麼說：「伊豫部小姐，錢不會背叛主人，這是斬釘截鐵的事實。只要謹慎管理，妳花多少心思就有多少回報，不安將和妳無緣。」

經常被金錢背叛的我，聽到橫山先生的這番熱血告白時，很敷衍地回答：「是喔，這樣啊！」本來是聽聽就算了。然而，當我採行橫山式理財生活後，很不可思議地，真的如他所言，錢不會背叛主人。

現今理財書籍的主流是「讓錢變多的秘技」，但這不是本書的重點。

社畜的理財計畫

我還是和以前一樣，庸庸碌碌地工作，站在百圓咖啡的自動販賣機前，還是會猶豫不決。可是，每當心中產生不安，我就會告訴自己：「錢會在需要的時候送上門來。」我開始對人生充滿希望，確信錢不會背叛主人，這是以前絕對意想不到的心境變化。

我的轉變仰賴的不是我一向討厭的節儉，也不是很難成功的投資技巧。只是多想想並改變用錢的方式，很不可思議地，就讓錢成為我的夥伴。

現在的我，已經可以確實感受到財務自由的幸福。我雖然還在學習中，但相信各位一定也能透過本書，找到財富與幸福的雙贏模式。

我從《朝一》節目的採訪內容，以及橫山先生的理財人生，找出效果最卓著的理財秘技，加以整理成冊。如果閱讀完本書，能夠消除各位對錢財的不安，我會由衷地感到開心。相信未來，自我實現的人生正在等著你們。

-WEALTH-

第1章

為什麼你總是陷入貧窮的死循環？

你手上是否有「胖豬皮包」？如果有要小心！

＝伊豫部＝

我曾在《朝一》主持「超級主婦現身說法」單元，介紹家事達人傳授的家事秘訣。在該單元中斷播出的一年裡，我開始思考，是否能夠透過節目來解決觀眾財務不安的問題。

透過採訪活動，我認識了超級主婦們所屬的團體「全國友之會」（編註：日本知名婦女團體，以基督教思想為核心，目標是實踐健全的家庭生活）。他們的家計管理術相當厲害，不過還是必須確實地記帳。

雖然我也受到影響而開始記帳，但是老實說，真的很麻煩。難道沒有讓全天下的主婦們都能輕鬆儲蓄理財的好方法嗎？

因此，我開始妄想著，如果有個能讓財富增加的錢包就好了，於是想到「超級錢包理財術」這個主題，並嘗試於ＮＨＫ的企劃會議中提案。

作風嚴謹的ＮＨＫ，在會議中以資料不足為由，駁回我的提案。我本來想等會議結束後躲到廁所裡哭，沒想到統籌製作人卻突然說：「之前拍攝的『女人理財』宣傳影片不是還沒用嗎？那個影片也是花錢做的，就用了吧！」因為這個理由，我的「超級錢包理財術」被採用，並以「女人理財」為標題播出。

然而，我卻在收集資料的階段遭遇瓶頸。每天想著：「該不會簡單的錢包理財術根本不存在吧？」把自己弄得心煩意亂，很怕節目就這樣吹了。

最後拯救我的是橫山先生。世上真的有超級簡單的錢包理財術。

首先，關於這個錢包理財術，有些事想和各位分享。

記得有一陣子大家都說「想存錢要用長皮夾」，但真的是這樣嗎？當時，我也因為這個說法，將雙折式皮夾換成長皮夾。可是，在頭等艙服務的空服員證實，頭等艙的客人幾乎都使用很有設計感的雙折式皮夾，我最尊敬的超級主婦也是用雙折式皮夾。

《朝一》節目來賓水道橋博士，展示了自己使用多年的皮革長夾，他說：「魔鬼氈的皮夾感覺很沒格調。」節目主持人有働由美子小姐也秀出自己的新皮夾，那是一個很漂亮、充滿時尚設計感的長皮夾。

那麼，橫山先生使用什麼樣的皮夾呢？他也是用長皮夾。不過，橫山先生說，重點不在於皮夾的長短，而是在於**它是不是愛惜金錢的皮夾**。

回顧過去眾多的採訪經驗，我得到的結論是，雙折式皮夾是理財高手依據個人喜好的選擇，因為重視錢包的設計感，所以不適合喜歡把皮夾塞得鼓鼓的人。

對於總是存不了錢、希望改善現況的人，我推薦使用長皮夾。理由很簡單，因為**長皮夾能讓你輕鬆掌握金錢的狀況**。

不過，就算是長皮夾，也絕對不能是塞滿雜物的「胖豬皮夾」。橫山先生說，胖豬皮夾是家計惡化的象徵。

支援本節目外景工作的主婦仁美女士，經常感嘆自己存不了錢。擔任播報員的塚原泰介先生對她說：「請讓我看一下妳的皮夾。」仁美小姐嘟囔著：「要看皮夾嗎？我的皮夾塞了很多東西，鼓鼓的喔。」取出來一看，果然是肥嘟嘟的長皮夾。塚原先生試著將皮夾直立於地面，結果站得很穩。

除此之外，還有許多其他觀眾提供的皮夾照片，讓我不禁感嘆，這世上的皮夾款式還真是多樣化啊！

橫山先生曾說過：「看一個人的皮夾，就能看出他的家計狀況。」他對胖豬皮夾的評論相當嚴苛（請見22頁）。

在採訪過程中，哀嘆自己存不了錢的主婦們，也拿出她們的胖豬皮夾，這些皮夾中，充滿主婦們因為深愛家人而養成的惱人習慣。

$ 護身符（祈求錢變多。）
$ 收據、發票（退貨或記帳時會用到，但是結果根本忘了記帳。）
$ 折價券、集點卡（就算只是小錢，也想佔便宜！）
$ 孩子或寵物的照片（希望隨時看見心愛的人。）

塞滿收據或發票

根本不懂錢包的真正用途。不好好整理，繼續維持現狀，就永遠存不了錢。

喜歡蒐集折價券

貪小便宜的行為。收集這麼多，需要時真的會拿出來用嗎？請不要忘記，使用折價券，代表必須進行消費行為。

塞滿護身符

一心期待他人替自己圓夢。總是妄想著天外飛來橫財。這種念力太強的話，會影響存錢能力。

結果，把錢包塞得鼓鼓的東西不是鈔票，這是致命的關鍵所在！

如果能找出讓錢包變得如此鼓脹的原因，就能找出存不了錢的關鍵。胖豬皮夾的問題在於，它不是珍惜與尊重金錢的錢包，而是一個單純渴望財富增加的錢包。

一旦你認為「錢包裡要放東西才能安心，一點也不想吃虧」，就會看不到什麼才是真正應該花的錢、什麼才是真正必須擁有的東西。現代社會充斥著太多引起人們消費欲望的雜訊，我們很容易不小心做出無謂的浪費行為。

另一方面，能存錢的人會慎選集點卡；收據或發票會擺在固定的地方，並定期整理或是換地方收納；鈔票也會整齊擺放，讓錢包隨時保持在最精簡的狀態。總之，我們可以感受到，它是個非常尊重金錢的錢包。

這樣的錢包主人認為，**金錢是讓自己的夢想或人生目標得以實現的重要戰友**。如同工匠愛惜他的工具，他們讓人感受到重視金錢與錢包的心意，因此絕對不會將滿足眼前欲望的物品放進錢包。

皮包是否塞滿發票、集點卡？如果是就糟了！

伊豫部

重視形式的人特別容易從錢包的改變，進而改變他的消費習慣。希望消除對錢財的不安，我們就從這件事開始做起。

有人說，黃色的錢包能招財、紅色是象徵浪費的不祥顏色，我個人對於這些說法十分不以為然。我花大錢買了一個漂亮的紅色皮夾時，就有人這麼對我說，讓我覺得很掃興。然而，我認為改善錢包的機能，確實有助於改善消費的壞習慣。

橫山先生傳授的方法是，**讓錢包發揮錢包的功能**。換句話說，就是把錢包當作收納重要錢財的工具，慎重地管理。因此：

$ 把與錢無關的東西拿出來。
$ 不要積攢收據或發票。
$ 只擺放最小限度、常用的集點卡。
$ 一眼就能看出錢包裡有多少錢。
$ 不要塞太多東西。

我以這些重點為準則，展開我的錢包革命之路。這是個比想像中還要困難的功課。

首先，把無關的東西拿出來。美容師的名片是無所謂，但發票和集點卡並非與金錢完全無關。像這樣，剛開始還會有點抗拒，但如果只是怕記帳漏掉，把發票收納在別的地方也可以吧！譬如，在家計簿上做一個專門放置發票的口袋，就不必隨身攜帶所有發票。將發票拿出來後，皮夾一口氣變瘦了。

接下來處理集點卡。有些人會另外準備一個卡片夾，專門放置集點卡隨身攜帶。但如此一來，包包會變重，結帳時還要特地拿出卡片夾也很麻煩。你也許會

1
2
3
4
5

想：「要是哪天突然去那間店買東西怎麼辦？」基於這種理由，我們很容易用集點卡把皮夾塞得鼓鼓的。可是，這種一時興起的購物行為，本來就是錯誤的消費方式。

以前有段時間，我認為凡事都按照計畫進行，會讓日子過得像奴隸，我想過得更自由！不過，我最終明白了，無計畫的消費看似自由，其實才是真正的奴隸行為。因為，當你把集點卡放進錢包的那一刻起，你就必須花費心力去管理它。

你會時常想著，就算只省下一日圓也好，而給自己帶來各種壓力，像是「我明明有集點卡卻忘記帶出來，雖然店員在發票上蓋了點數章，但是下次一定要記得把卡片帶出來」，或是只要再消費多少錢，就能再蓋一個章，你會想再買個不會形成浪費的商品，於是開始煩惱：「該買什麼好呢？」最後，為了決定小事而產生的壓力，逐漸侵蝕心力。

明明還有其他更重要的事，我們卻將腦力用在這些無關緊要的小事上。人的腦容量本來就很小，實在不該浪費在這些事情上。

好吧，開始整理吧！當我重新篩選集點卡，發現同一家店的集點卡竟然有三張，要將三張卡片的點數統合在一起，又是一個麻煩的大工程。

這麼說或許有點奇怪，但我終於明白，**錢不會白白地送上門**。

為什麼我會這麼說？當我們執意擁有金錢時，為了達到目的，自我判斷力、時間、體力等重要資產就會減少，我們從來都沒有察覺自己為了擁有金錢，付出多大的成本。在我消耗上述的心力和體力後，使用由根本不需要買的商品所累積的點數，去廉價護膚中心療癒保養，就有種賺到的感覺。現在想想，這樣的我實在是愚蠢至極。

為了累積一百日圓的點數，必須消費達到一萬日圓，而我卻對這個現象視若無睹，還告訴自己要積沙成塔，繼續累積點數。現在回想起來，我本來就不是可以汲汲營營、努力積少成多的人，可見當時的判斷力已經全部麻痺。

因此，我毅然地只保留一張常用的集點卡，其餘的全部予以處分。當我從皮夾中，把一張只要再消費五千日圓，就能蓋滿章、換取五千日圓購物金的集點卡取出時，確實有點猶豫。但是，我已經厭倦再為這種小事而傷腦筋，所以對它們說：「再見了。」我不會後悔。

最重要的是，**將心力用在真正重要的事物上**。在整理錢包的過程中，我領悟了必須對不重要的事物進行取捨。明明只是在整理錢包，最後卻開始反省起人生。

常聽人說，鈔票的擺向最好一致。

橫山先生認為，鈔票擺向一致，會產生尊重金錢的想法，也可以立刻知道皮夾裡有多少錢，所以他建議皮夾裡的鈔票擺向要一致。為了感受錢包整理過後的感覺，我也將紙鈔全部朝同一個方向擺放。依照橫山先生建議的方法，我將萬圓鈔擺在前面、千圓鈔擺在後面。橫山先生說：「這麼做的理由很簡單，至少可以馬上知道皮夾裡是否有一萬日圓。」

千圓鈔屬於面額較小的鈔票，超級主婦派認為，把千圓鈔擺在前面比較便於使用。偶像團體V6的成員井之原快彥先生也說：「萬圓鈔是最終BOSS，所以放在最後面。」井之原先生將萬圓鈔比喻成電玩遊戲中最後登場的大魔王，意外地平易近人。

總之，在思考紙鈔排列方向的過程中，等於釐清錢之於自己的意義。

我非常鍾意橫山先生的說法，把萬圓鈔擺在前面。感覺萬圓鈔就像一道防護牆，阻止我輕率地拿出千圓鈔消費。此外，當我打開錢包，沒有看到萬圓鈔，就會意識到「快沒錢了」，提醒自己要節省，這種感覺很踏實。

經歷一番革命，我的錢包變得清爽多了。用這樣的錢包展開新生活後，我確實發現衝動購物的次數越來越少。錢包讓我完全掌握錢的流向，也讓我懂得選擇更好的用錢方式。提款時、付帳時，我都能感受到購買自己想要的商品而產生的喜悅。

雖然我的錢包革命之路尚未抵達終點，卻已經可以預見，錢將會成為我的好戰友。

你是否會注意錢花到哪去？如果不會容易窮！

伊豫部

橫山先生說，**重點不在於「花了多少錢」，而是「把錢花在哪裡」**。這句話真是一針見血。請各位回想一下，我們購物時是否只注意價格多少，卻忘了檢視自己是否真的需要？

整理完錢包之後，我們首先要做的，就是培養思考的習慣。錢包內要確保一個收納發票的空間，一天結束後，就要把這個空間清空。接下來，重點是如何處理這些發票。沒錯，橫山先生的那句名言要登場了。在節目中，這句名言引起極大的迴響。

那就是「**消**、**浪**、**投**」！這是橫山先生提倡的金錢用途分類法。

消、浪、投！

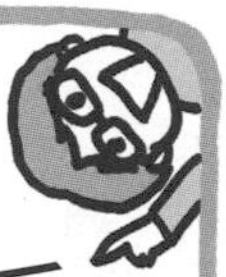

消費

生活的必需支出。

浪費

亂花錢。

投資

對將來的自己或家人有利的支出。

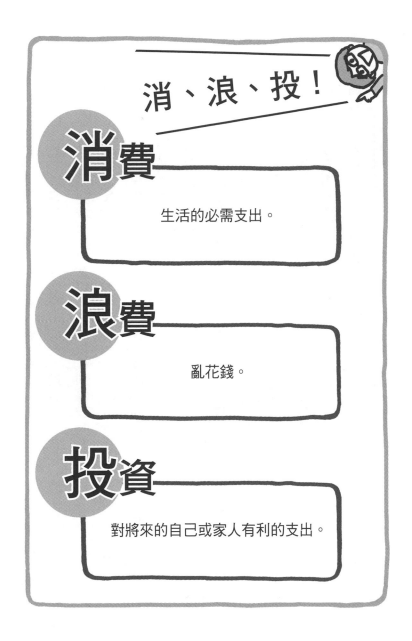

橫山先生曾經用交通標誌的「黃、紅、綠」和「△、×、○」標示，經過多次的實驗與失敗，最後決定採用象徵「消費、浪費、投資」涵義的「消、浪、投」。只要善用這個方法，就算沒有記帳習慣，也可以找到存錢的竅門。

現在每位理財專家都將這三個字掛嘴邊，而最早提出這個方法的人，就是橫山先生。事實上，橫山先生已經將「消、浪、投」登記為商標。越是徹底釐清這三個字的涵義，越能有效達到存錢的目的。

那麼，實踐的方法是什麼？

首先，請準備三個小型收納盒，各自貼上消費、浪費、投資的標籤。接著，從錢包裡取出發票，回想收據上支出金額的用途，逐一予以分類。

消費是生活的必需支出，浪費顧名思義就是亂花錢，投資是對將來的自己或家人有利的支出。當同一張發票上有「消、浪、投」三種支出混雜的情況，則另外分別寫在紙上，再投入相對應的盒子。

分類時，你會思考這筆花費究竟屬於消費、浪費還是投資？這樣的思考能讓你重新審視：「真的需要花這筆錢嗎？買了會因此覺得幸福嗎？是否有其他代替品，所以不買也沒關係？不曉得何時會用到，現在買會不會太早了？」

透過回顧並加以思考，就能看到自己的價值觀和真正需求。

在節目中，有理財煩惱的主婦仁美女士，也挑戰這個方法。她準備「消、浪、投」三個盒子，在橫山先生面前，將發票一一分類。

「高麗菜是食材，所以歸類為消費。紅蘿蔔是消費。衛生紙也是消費。」

結果，幾乎所有的發票都丟進消費的盒子裡。這時，橫山先生發言。

「所有發票都歸類為消費，這就是仁美女士存不了錢的原因。」「咦？有問題嗎？」「是的，請試著質疑消費的發票，當中真的沒有應該被歸類為浪費的項目嗎？」

於是，仁美女士和兒子再一次檢視發票。

「披薩，不吃也沒關係。」「確實是這樣。」

原本沒有計畫要吃披薩，卻因為便宜而買了，因此披薩的發票應該移至浪費的盒子裡。同時，我們也能看出仁美女士的消費模式：因為便宜，所以購買。

接下來，出現的是花了數百日圓的發票。

「是布丁。」「這是爸爸喜歡的點心。」「是為了慰勞另一半而買的，這樣應該屬於消費吧？」這時，橫山先生再一次喊了暫停。

「這可以算是投資喔。」「這樣啊，因為是慰勞為家人努力工作的丈夫而買的，所以算是投資嘛！」慰勞辛苦工作的丈夫所買的布丁，屬於投資性質的花費。

於是，仁美女士的「消、浪、投」結果終於出爐。兩週的發票分類完畢，合計金額後，浪費項目的總額將近五千日圓。

「哇！這些錢如果能存下來，該有多好！」

「消、浪、投」的分類有助於減少浪費支出，更重要的是，它能**讓當事人看到自己的浪費原因及消費價值觀**。

仁美女士常常覺得自己漫無目的地亂花錢，花了錢以後又急著想要節約，「消、浪、投」的分類可以讓她找出節約的方向。另外，看不到的不安減少，也能讓她對理財拿出幹勁。

對新手而言，**消費後一個月再進行分類，判斷會最精準，也更有成效**。消費後馬上進行分類，與消費後過一段時間再分類，結果會大為不同。經過一段時間後，再回頭檢視自己的金錢用途，可以清楚感受到自己的改變，進而產生持續下去的動力。

節目也採訪了其他實踐「消、浪、投」分類法，並成功存到錢的觀眾。

詩乃女士的家，是由她、丈夫及四歲女兒組成的小家庭。因為夫妻都有收入，孩子出生前，夫妻兩人經常外食及旅行，花錢從不手軟。可是，孩子出生後，工作量被迫減少，收入自然也跟著變少，托兒費成為沉重的負擔，每個月都存不到什麼錢。

對生活感到焦急與不安的詩乃女士，在求助於橫山先生後，開始力行「消、浪、投」生活。

詩乃女士說，現在她已經能夠區分什麼樣的花費是浪費、什麼樣的花費是投資。譬如，上班時間購買外帶咖啡，有時屬於投資，有時卻是浪費。

如果喝了咖啡可以消除疲勞，讓自己打起精神處理下午的工作，那麼這筆支出就是投資。如果是因為同事買，自己也跟著買，就是浪費。清楚意識到金錢的用途後，詩乃女士偶爾會在家裡自己泡好咖啡、裝進保溫瓶帶去公司，如此一來，就能避免無謂的浪費。

此外，對詩乃女士而言，最大的改變是對於休閒娛樂的定義。

她過去一直認為，花個四、五萬日圓去迪士尼樂園玩屬於投資行為。跟其他媽媽們聊天時，總是聽她們說下次還要再帶孩子去迪士尼樂園玩，經過這樣的洗腦後，她也堅信帶孩子去迪士尼樂園，就是帶給他幸福。

有一天，她以「消、浪、投」的觀念重新思考這筆支出的意義，有了新的領悟：「其實遊樂園現場人擠人，玩了一整天下來只覺得很累。而且孩子還小，不懂玩樂的價值，也無法真正樂在其中，這難道不是父母的自我滿足嗎？」

同時，她發現女兒在附近的公園玩耍時，看起來非常開心。那一幕讓她醒悟，最重要的是孩子開心。

「從那之後，我每天都會帶孩子去公園玩，並自己做便當，還省下午餐錢。這

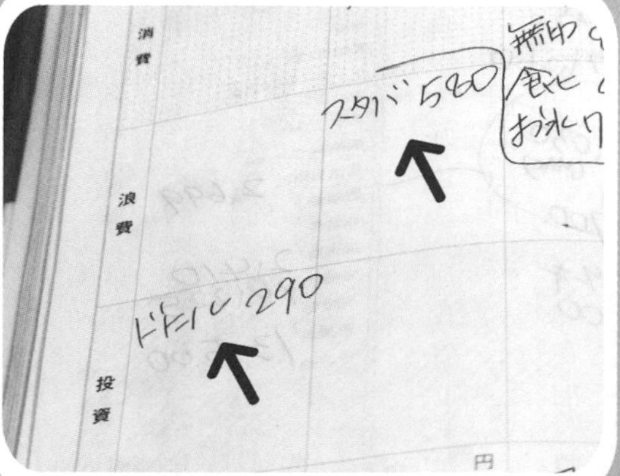

詩乃女士的
橫山式記帳簿

咖啡有時是浪費，有時是投資。

仁美女士與橫山先生挑戰
「消、浪、投」分類。

並不是小器，因為這麼做能讓我的精神和情緒都得到滿足。」

詩乃女士用省下來的錢，買了一直很想要的純棉棉被。

「純棉棉被真的很舒服，不但女兒睡得比以前安穩，我每天起床也都覺得神清氣爽，工作更有精神。我認為這才是真正的投資。」

兩年後，詩乃女士完成橫山先生的課程。儘管她因為忙碌而長達一個月沒有記帳，但她已經養成「消、浪、投」的分類習慣，不會再有無謂的浪費。

詩乃女士開心地說：「『消、浪、投』是值得一輩子奉行的方法。知道這個方法真是太好了。」她現在正忙於女兒就讀小學的準備。

這個方法的重點，不是要告訴你「消、浪、投」分類結果的應有樣貌，而是在於回顧的精神。它讓你在消費時能意識到自己的行為，主動減少浪費，將錢花在真正需要的事物上，同時也讓金錢與人生的友好關係更向前邁進一步。

＝橫　山＝

實行「消、浪、投」分類法，還有其他的好處：

一直以來，我們家都是妻子一人獨掌家計。在客廳裡擺放「消、浪、投」三個發票收納盒後，相當於將家計內容公開，讓全家人一起管帳。妻子覺得家計不再是自己一個人的煩惱，壓力因此減輕不少。（五十歲男性）

我跟孩子們都開始會關心錢的用途。當我幫他們買筆記本等文具用品時，他們會主動說謝謝，不再認為這是父母應該做的。我真心覺得，「消、浪、投」是讓人學會感恩的優秀理財方法。（三十歲女性）

你每月開銷比例是多少？高於70%就不好！

〓橫　山〓

只要確實奉行「消、浪、投」分類法，家計一定會改善，這是我在看過眾多案例後，能夠肯定斷言的事實。

不過，我希望各位在分類已累積一個月的發票後，能夠觀察「消、浪、投」各別所佔比例。其實，這當中有所謂的「理想比例」。

假設實際收入是一〇〇％，「消、浪、投」的理想比例應是多少呢？

答案是「消費七〇％、浪費五％、投資二五％」。三者比例會因為年收入多寡而有所差別。總之，一開始請各位儘可能讓收支接近這個比例。

假設實際收入是三〇萬日圓，那麼符合比例的消費支出就是二十一萬日圓，浪費支出是一五〇〇〇日圓，投資支出則是七五〇〇〇日圓。

投資比例佔總收入高達二五％，這是有原因的。事實上，投資包含了儲蓄。理想的分配是，將投資的三分之二用於儲蓄，使儲蓄佔實際收入的一六．七％，也就是六分之一。

這麼一來，每個月的儲蓄是收入的六分之一，半年可以存到一個月的收入，一年可以存到兩個月的收入。持續三年的話，就能存到六個月的收入。

「半年份的薪水」是儲蓄的第一個目標。

為何要存到半年的薪水呢？假設被裁員而導致收入中斷，如果有半年份薪水的存款，便可以安心地重新找工作。這筆儲蓄是生活預備金，也就是所謂的「消極投資」。

有了這筆存款，就不用急著找到新工作，或是為了糊口而從事不適合自己的工作。你有充裕的時間可以安心地尋找合適的職缺，因此這筆錢不只是消極的保險，還是正面的投資。

另外，希望你能將大約八％的投資支出，用於「積極投資」。這不是儲蓄，而是花出去的使用型投資，譬如：孩子學習才藝、進修、購買書籍、全家吃大餐、買禮物送人、安排一趟有意義的旅行等等。包含這些用途在內，投資支出比例佔總收入二五％。

投資的目的在於如何妥善使用金錢。不過，希望大家不要搞錯，投資並非越多越好。

有時會聽到：「我的投資比例是四〇％。」然而，如果被冠上「建立人脈」名義的聚餐次數太多，就該質疑這是否真的屬於投資。

也有人說：「我現在在學英文、義大利文和中文。」即使一次學習這麼多語言，能否實際運用也是一大問題。

能做出成果的人不會太貪心，他們會按部就班地前進，最後交出漂亮成績單。因此，請各位要有這樣的認知：包含儲蓄在內的最佳投資比例是二五％。我希望大家能夠**慎選積極投資的內容**，不要讓投資變成浪費。

若將投資比例設定為四〇％，消費比例就會縮小為六〇％，於是必須削減必要的生活支出。這麼做根本是本末倒置，當然不會有好結果。

消、浪、投的理想比例

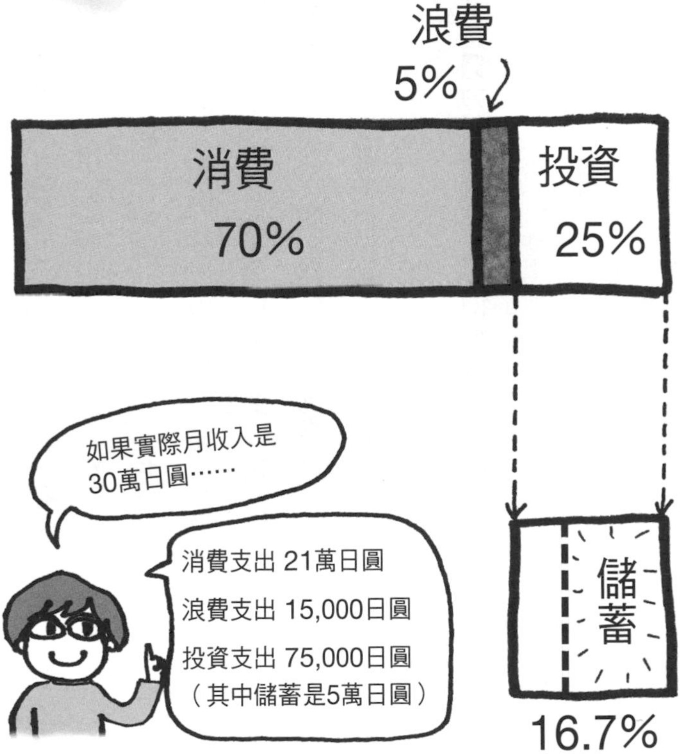
浪費
5%
消費
70%
投資
25%
如果實際月收入是
30萬日圓……
消費支出 21萬日圓
浪費支出 15,000日圓
投資支出 75,000日圓
（其中儲蓄是5萬日圓）
儲蓄
16.7%

不過，就算比例相同，也會因為實際收入的多寡，導致截然不同的結果。譬如，月收入是一百萬日圓，即便消費支出只有六〇％，六〇萬日圓也足以過著不錯的生活。因此，若是能隨著收入增加，提高投資比例，效果當然更好。

事實上，收入高的人會將比例分配為消費六〇％、浪費五％、投資三五％，提高投資比例。如果全家的年收入超過八百萬日圓，請努力讓浪費支出比例維持在五％，消費支出比例降為六〇到六五％，多出來的部分就用於投資。

投資是儲蓄生活的關鍵，因此一開始務必將比例維持在二五％。接下來，請將浪費支出比例維持在五％，不必強迫自己減少浪費。剩下的消費支出，比例則是七〇％。

總之，**基本概念就是努力將消費支出比例維持在七〇％以內**。

偶爾對自己好一點可以嗎？否定慾望易失敗！

＝伊豫部＝

也就是說，橫山先生認為，支出的優先順序為投資↓浪費↓消費。

一般而言，當收入增加，消費或浪費的額度就會變多，生活過得比較奢侈。然而，善於存錢的人會將多出來的收入用於投資。因此，請養成凡事都以投資為優先的好習慣。

＝橫　山＝

希望各位以謹慎的態度進行「消、浪、投」分類。剛開始可以依感覺分類，但不能總是憑直覺判斷。

人的行為一旦淪為形式，最後容易傾向敷衍了事。在我看來，這個問題比偶爾一、兩次的浪費更嚴重。我希望大家能夠**以正確的定義和觀念，來進行思考和判斷**。

如果你的分類標準是：錢花在正確的地方就歸類為投資，買甜食就是浪費，你永遠不會成長。或許會覺得麻煩，但如果不能每次都確實地檢視、思考，就不會有所改變。

我希望各位在與一年前的自己比較時，不論身體、生活還是價值觀，都能有所不同。如果只是敷衍了事，等於放棄了理財。希望各位每次都能謹慎地思考。

伊豫部

「消、浪、投」到底該如何分類，確實是個相當惱人的問題，所以不知不覺流於形式也無可厚非。

節目播出後，有許多觀眾來信詢問：「這筆支出究竟屬於『消、浪、投』的哪一項？」具體而言，像是「因力求上進而買的英語教材，屬於哪一類」、「帶孩子去遊樂園玩呢」、「和媽媽朋友們交流的下午茶呢」、「看了會熱血沸騰的漫畫呢」等等。

看著如雪片般飛來的觀眾投書時，我幾乎可以聽到他們內心激動地問：「這筆支出不算是浪費，可以歸類為投資吧？」

即便浪費也不會遭受懲罰，但如果可以，還是希望將每筆支出都歸類為投資的心情，我完全理解。我有時忙碌了一整天，在下班回家的路上，也會不小心走進便利商店，失手買下加了滿滿鮮奶油的蛋糕捲。

「這應該算浪費吧！但這是給自己辛苦工作一天的犒賞，有了它，明天才有繼續努力的動力，嗯！這是投資！」一開始明明覺得是浪費，但最後不知為何，硬是跳過消費的選項，直接升格為投資。

「我是個積極進取的上班族！」以此自我催眠，好像這麼想就能幸福安穩地進入夢鄉。

〓橫　山〓
嚴格來說，我不會把看不到成效，只是為了讓自己安心而買的東西視為投資。這應該算是浪費吧？

〓伊豫部〓
是這樣嗎？這麼一說，我突然覺得自己身價暴跌，變成用便利商店甜點自我安慰的廉價女人。我不喜歡這樣，我想自我肯定。

〓橫　山〓
有什麼關係？只要接受差勁的自己、保持現狀就行了。

〓伊豫部〓
被橫山先生這麼一說，我也只好承認自己的無能，連買個一五〇日圓的蛋糕捲都要找一堆理由自我安慰。

無法正確掌握自己當下的真正想法，就會偏離正確的道路。如果錯把自己當成就算難過，也會努力、積極進取的人，即使帳面上的投資比例再高，浪費的事實也不會改變。認清自己是個只要稍有不順，就會尋求甜食慰藉的人，而且還會把購買一五〇日圓的甜點的行為美化，這樣一想，好像就能夠隨時踩煞車，避免無謂的浪費。

橫　山

妳說得非常正確。就是為了培養這種正確的認知，我才會提出「消、浪、投」分類法。

現在浪費的比例偏高也無妨，這樣反而擁有更大的改善空間，不是嗎？

伊豫部

可是，如果把這種消費行為歸類為浪費，為了要讓自己成長，不就必須改掉這種浪費行為嗎？這對無能女來說，實在是太殘酷了！

＝橫　山＝

妳是不是忘記儲蓄的真正目的了？絕對不是為了儲蓄才儲蓄吧？

＝伊豫部＝

總覺得胸口好像被刺了一下。

仔細想想，我一直希望擁有一幢獨棟透天的房子。這麼說來，品嚐美味蛋糕捲，對於實現夢想一點幫助也沒有，所以的確應該歸類為浪費。

如果我的目標是事業成功，或許購買甜點可以變成讓沮喪心情重新振作的必要消費。可是，吃了甜點後，是否真的能讓工作順利？這兩者間並沒有明確的因果關係。因此，這筆支出就不能算是投資。

啊，我總算搞懂了。作夢本身很令人愉快，既然這樣，把購買甜點的行為視為浪費支出又有何妨。

橫山

怎麼做才能讓自己邁向幸福的未來？要正確地認知自己的目標，藉此謹慎思考。

譬如，你為了出國留學而存錢時，就算與上司聚餐是打造圓融職場環境的必要支出，卻對出國留學的目標毫無助益，因此這筆支出不能算是投資。

購買英語教材可以歸類為投資，但如果一個月過後，發現這份教材不適合自己、發揮不了效用，這時就要將支出修正為浪費。

我一再地說，浪費並非壞事。毫無節制的浪費當然不行，但五％程度的浪費卻是必要的。當然，比例超過五％也沒關係，讓想要開始存錢的自己感到開心也很重要。

伊豫部

當你感到疲憊或情緒低落時，如果蛋糕捲能讓自己感到幸福，那就大大方方地浪費，買來吃就對了。不需要找一堆理由，就坦蕩地原諒自己吧！

＝橫　山＝

為何我會堅持「消、浪、投」分類？

因為這是用錢時最重要的基本判斷：清楚分辨**是因為需要而花錢，還是因為想要而花錢**。

請檢視你生活周遭的物品，在你購買的當下，一定都是覺得有必要才買的。可是，如果再重新檢視、思考，是否會覺得衣櫥、鞋櫃、冰箱裡的東西，還有廚房、書櫃、電視機的周邊擺設，全是忠於欲望的產物？

其實，我們很容易因為「想要」的念頭而消費。

在美國，學校對於金錢教育，會先教導學生思考：「這到底是必要還是想要？」總之，先用二分法來加以區別。這個過程對建立價值觀有很大的幫助。

我聽到這個做法時，也認為自己根本做不到。不是只是我，存不了錢的人都不擅長區分必要和想要。相反地，能存錢的人雖然會猶豫和迷惘，卻可以透過自我價值觀，清楚區分需要和欲望。

他們會在記帳本中，以交通號誌的紅、黃、綠分類，或是在記帳本內的數字右下角，註明「〇」、「×」或是「？」。

再仔細追問，會發現能存錢的人傾向在記帳本中註明錢的用途，並且清楚知道這筆支出是對還是錯。因此，能存錢的人對於用錢方式一定有其個人堅持。

我曾經聽過這樣的說法：「必要是指不具生產性的東西（以「消、浪、投」來說，就是消費），希望是指具生產性，且對未來的自己有助益的東西（指投資），以及沒有任何目的或理由，只是自己單純想擁有的東西（指浪費）。」

這個人的想法最讓人訝異的是，能夠承認單純想要的東西就是所謂的欲望。我們總是給予「欲望」二字負面評價，認為有欲望的念頭是不好的。可是，人們還是會在想要的物品貼上「想要」的標籤，並基於這個念頭，做出「因為想要而購買」的行為。

建立自己的價值觀，不要否定真正欲望，這樣的想法非常重要。我就是認同這種想法，才想出「消、浪、投」這種分類基準。

因此，區分浪費的用意，並非要求你不要浪費。如果你有想挑戰的事物、會讓

社畜的理財計畫

你開心的事物、單純想擁有的事物，何妨以浪費之名使用金錢？

人長大之後，找藉口的能力也變好了，總是找一大堆理由，再冠上投資之名。其實根本不用這麼做，承認事實才能站上起跑點。從根本檢討自己的消費行為，到底屬於必要還是想要，自然就能看見事實。

準備「浪費錢包」，想花就花、又可紓壓！

伊豫部

我現在非常珍惜的「浪費錢包」，正是讓「消、浪、投」理財生活能夠徹底執行的關鍵。

橫山先生的妻子博美女士，除了家用支出的錢包之外，還另外準備了一個印著卡通人物美樂蒂圖案的紅色錢包，裡面裝滿了零錢。她說，找回來的零錢會先放在家用錢包，等累積到某個程度，為了不讓家用錢包變胖，就將這些零錢移到浪費錢包。

浪費錢包意指可以讓人安心地拿出錢來盡情浪費的錢包。當孩子吵著要買零食，或是偶爾想喝杯咖啡，就使用這個錢包消費，完全不需要有任何省錢的壓力，可以隨心所欲地花用。因為錢包裡裝的是零錢，不必擔心浪費過度而影響家計。

不過，請先等一下。仔細想想，我們只不過是將零錢的擺放場所，從家用錢包移至浪費錢包，擁有的金錢總額不是沒有改變嗎？也就是說，我們在浪費時，「這筆支出是從家用預算裡挪出」這項事實，並沒有改變。既然如此，為什麼要特地分成兩個錢包呢？

在詢問過博美女士後，我終於茅塞頓開。她真的很懂人類心理呢！

如果只有一個家用錢包，當我們想買杯咖啡時，會對這個浪費行為感到抗拒或不安，心裡便產生負擔。告訴自己不要浪費的那條心思之線，哪天因繃得太緊而斷裂時，就會心想：「算了，盡情地花錢吧！」而發生煞車失靈的危險。

如果先將零錢移至浪費錢包，就算浪費也不會有罪惡感，還能讓人產生滿足感。有了浪費錢包，想要小小浪費一下時，不需要左思右想。

這個方法真是太棒了，我自己也馬上嘗試。俗話說，工欲善其事，必先利其器，我上網買了當時很流行的迷你錢包。在下單時，一度還擔心這筆錢是否花得值得。過了一年，事實證明我的決定是正確的。這個浪費錢包成功改善我的用錢方式。

我從記帳一個月的家計簿得知，自己花在罐裝咖啡上的費用，和偶爾買飲料的費用約為三千日圓上下。因此，我決定將一個月的浪費預算設定為三千日圓。在三千日圓的額度內，我可以隨心所欲地浪費。

我的具體做法是，當皮夾裡的零錢累積多了，就移到抽屜裡存放。每到月初，會從抽屜裡取出三千日圓的零錢，放進浪費錢包。

這麼做確實不會讓錢增加，只是讓持有的現金依據各自扮演的角色，處於不同的位置。然而，很不可思議地，這麼做以後，我的浪費次數明顯地減少了。試行這個方法的第一個月，浪費錢包裡的餘額竟然有一七〇〇日圓。而且，我完全不需要努力克制欲望，阻止自己浪費。

只不過，畢竟名為浪費錢包，我在花錢的時候，還是會自然而然地意識到這是浪費行為，因此常常提醒自己：「這筆支出屬於浪費，是可以忍耐不花的。」於是，漸漸地不再有無謂的浪費行為。

偶爾從這個錢包中掏錢買布丁時，那種不需要顧忌任何人的目光、自由花錢的

1
2
3
4
5

雀躍心情，簡直無法用言語來形容。而且，這筆支出不需要一一記帳，因為我在月初時，就已經在家計簿寫上「浪費支出三千日圓」。於是，解放的感覺更加強烈，這樣的浪費才有意義。

姑且不說冬季大衣那種高額消費，對每一筆小額浪費都有自覺與覺悟，消費時就不會感受到壓力。這個浪費錢包機制會自動舒緩這種精神壓力，並且在無意識中產生自制作用，最後成功減少浪費支出。

不久前我到大阪出差一個月，那時浪費錢包的支出稍微超過三千日圓。因此，我將額度提高到四千日圓。我告訴自己，因為身處不同的環境，支出較多很正常。同時，我因此知道，在某些情況下，浪費支出是會增加的。

所以該月份的下半個月，我都沒有花錢買飲料，而是用飯店提供的茶包泡茶，裝進保溫瓶裡帶出門。

對於自己的浪費行為不會感到壓力和罪惡感，真是一件美妙的事。

越是個性嚴謹的人，使用這個方法的成效越好。我非常推薦完美主義者挑戰。

這種人總是說：「要努力節約！不能浪費！」然後陷入要求完美的泥淖中，因為稍微一點浪費而自責，變得意志消沉。

這個方法對意志薄弱、禁不起誘惑的人或許也有效。這種人拿著裝滿銅板的錢包，手中的重量會讓他想著：「天啊，我有這麼多錢可以花耶！」因為錢很多，購買欲反而會下降，說不定會變得冷靜。

雖然只是一個月三千日圓的小小改變，但只要學會善用金錢的方法，對漫漫人生來說，絕對會是很大的變革。

當你敢自負地說，自己不會再有無謂的浪費時，等於養成了阻止大筆浪費行為發生的能力。這個浪費錢包理財術，我大力推薦！

存錢筆記

❶每天整理錢包中的發票，能夠更清楚掌握金錢狀況。

❷準備「消、浪、投」的收納盒，分類發票的同時，也要注重回顧。

❸讓家庭收支的「消、浪、投」比例，維持在接近黃金比例：消費七〇%、投資二五%、浪費五%

❹正確地將支出依照「消、浪、投」分類，最重要的是釐清自己的消費價值觀。

❺將錢包中過多的零錢移出來，做成浪費錢包。

編輯部整理

NOTE

WEALTH

第2章

因為你有6個亂花錢的壞習慣！

壞習慣1：誰受得了5折的優惠，所以只能一直花

伊豫部

橫山先生希望透過「消、浪、投」，讓人們能夠清楚釐清自己的價值觀。為什麼確立價值觀這麼重要？**因為這個世界充斥太多讓人誤以為買到賺到的資訊**。如果對這些資訊毫無防備，很容易隨波逐流、失去判斷能力。在不清楚自我價值觀的情況下，過度堅持「折扣」，反而會讓財富與自己擦身而過。

首先，我希望大家明白，什麼是折扣率的陷阱？請參照65頁的圖片。

當你打算買雞蛋、米和高麗菜時，你會選擇左邊的「朝超市」？還是右邊的「第一超市」？也就是說，你覺得哪家超市比較划算？

這是早稻田大學心理學系的竹村和久教授，與《朝一》合作的心理測驗。受試

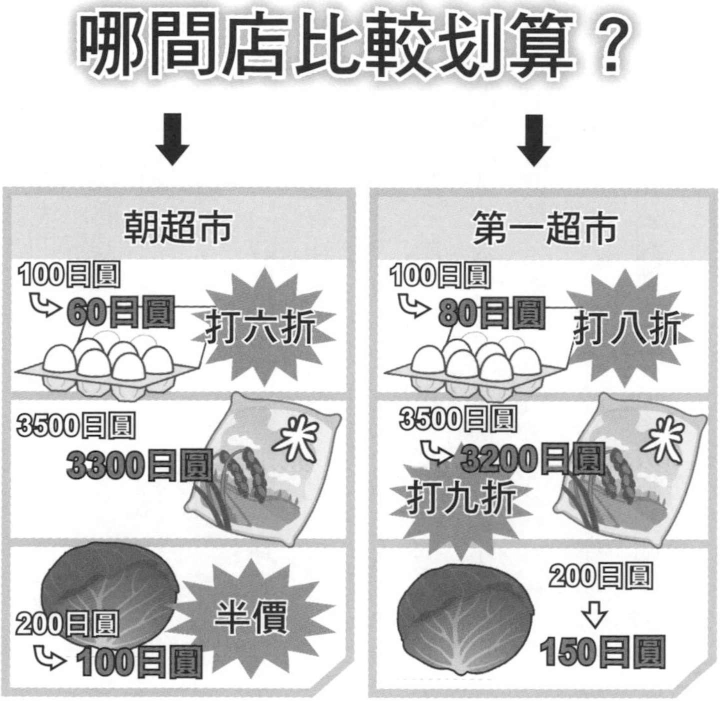
哪間店比較划算？
朝超市
100日圓
60日圓
打六折
3500日圓
3300日圓
米
200日圓
100日圓
半價
第一超市
100日圓
80日圓
打八折
3500日圓
3200日圓
打九折
米
200日圓
150日圓

者從被公認是浪費女王的主婦，到節約高手的主婦都有，每個人的個性和習慣都不一樣。另外，考慮到左右的位置可能造成測驗結果的誤差，因此半數的受試者看到的是圖片位置左右相反的問卷。

左邊標示著六折和半價的朝超市傳單，合計消費額是三四六〇日圓。右邊看似折扣較少的第一超市傳單，合計消費額是三四三〇日圓。朝超市的傳單上，米從三五〇〇日圓降為三二〇〇日圓，雖然折扣率不到一成，卻標示著九折。

經過仔細計算，就會知道第一超市便宜三〇日圓。然而，受試者仁美女士卻選擇了朝超市。為什麼會這樣？

因為這裡有個陷阱。請各位看一下仁美女士的視線移動方向。67頁的上圖中，仁美女士視線停留時間最長的部分，是箭頭所標示的六折和半價。雖然也有看到實際的價格數字，但卻只是掃視過去而已。

這就是**折扣率陷阱**。人類心理學認為：「人在比較並進行判斷時，不會以實際差額（絕對值差額）作為判斷基準，而會以折扣率（變化大小）來判斷。」這稱為「韋伯・費希納定理」。

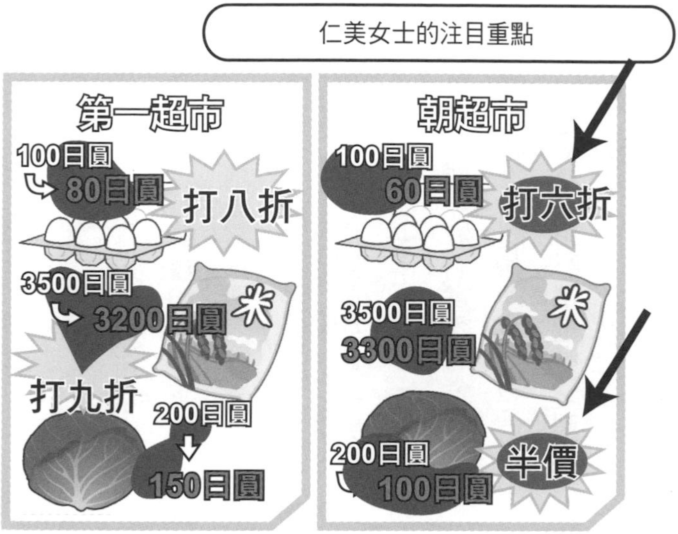
仁美女士的注目重點
第一超市
100日圓
80日圓
打八折
3500日圓
3200日圓
米
打九折
200日圓
150日圓
朝超市
100日圓
60日圓
打六折
3500日圓
3300日圓
米
200日圓
100日圓
半價

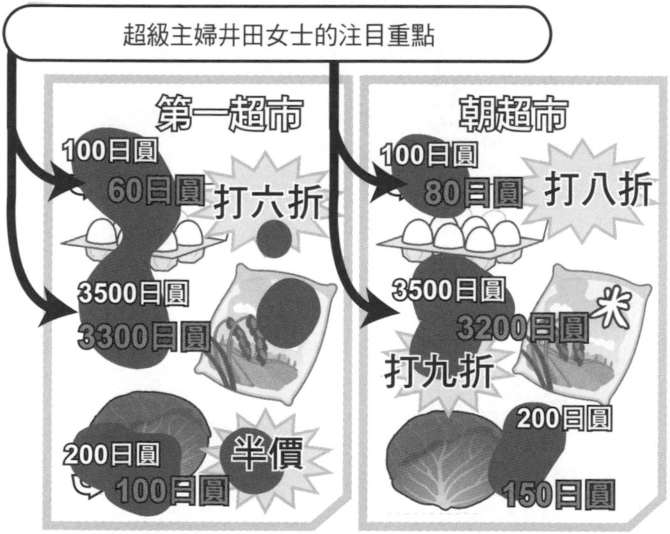
超級主婦井田女士的注目重點
第一超市
100日圓
60日圓
打六折
3500日圓
3300日圓
200日圓
100日圓
半價
朝超市
100日圓
80日圓
打八折
3500日圓
3200日圓
米
打九折
200日圓
150日圓

這次，大家公認最不會亂花錢的超級主婦井田女士，也參加這個實驗。井田女士的視線移動如67頁下圖所示。

井田女士不愧是超級主婦，她很巧妙地跳過「〇折」的文字，將焦點鎖定在折價過後的實際價格（箭頭所示處）。之後訪問井田女士時，得知她果然在看傳單時，就在計算打折後的合計金額。並且，她還說：「我沒有看打折傳單的習慣。為了折扣而特地去買東西，往往會不小心買下其他的高價商品。所以，我不會為了打折而去購物，而是為了購買真正需要的東西而去購物。」

可是，當我們詢問如此冷靜的井田女士會選擇哪間超市時，令人驚訝地，她的選擇居然和仁美女士一樣，都選擇了朝超市。奇怪，井田女士不是說不在乎折扣率，而且仔細計算過實際的金額了嗎？

竹村教授對於井田女士的答案也大感訝異。他推論，雖然已經仔細計算過消費金額，但潛意識可能還是會受到折扣率的影響，最後無視計算結果，選擇看起來折扣最多的朝超市。

看來，真的不能小覷折扣率的影響力！

結果，參加本實驗的十位主婦全都選擇朝超市。雖然符合經濟心理學的理論，但一面倒的結果太過出乎眾人意料，後來這個實驗被整理成論文，並刊登於《日本感性工學會論文誌》上。

我也曾經被折扣率的陷阱所騙。事情發生在我買房子的時候。當時室內設計師慫恿我，要不要順便買一條一〇萬日圓的床邊毯。重點在於「順便」和「一〇萬日圓」這兩個字眼。

現在回想起來，真是越想越不對勁。當時，因為買了以千萬日圓為計算單位的商品，便覺得再花個一〇萬日圓也沒什麼。當時的我完全不當一回事地說：「只有那點錢，就買了吧！」

的確，如果是跟三千萬日圓相比，一〇萬日圓只是〇・三%的九牛一毛而已。我完全被這樣錯誤的比率認知附身，毫無自覺地被牽著鼻子走。

我們再看一下71頁的圖片，或許你就會知道，真的不能小看折扣率的影響力。

乍看之下，會覺得牛肉比較划算。牛肉是半價，比原價便宜一千日圓，外套則比原價便宜了一二〇〇百日圓。計算過後，其實是外套的折扣金額比較多。

對於這個觀點，也有人說：「不對，還是折扣率比較重要。就算實際定價低，卻可以讓人感覺賺了一倍，這時候的喜悅當然也會加倍。」

可是，請各位再仔細想想，折扣後省下來的錢，可以用在對未來的自己有益的事物上，因此投資用的錢當然是越多越好吧？總之，請以實際省下的金額多寡來判斷，不要被折扣率所矇騙。

我想告訴大家的重點是：**如果沒有建立自己的價值觀標準，原本以為賺到便宜，最後卻不是這麼一回事。**

在節目中，我們假設的情境是，為了舉辦家庭派對而去採買食材。牛肉從一五〇〇日圓降為一千日圓，紅酒從一二五〇〇日圓降為一二〇〇〇日圓。

每位來賓都說：「牛肉較划算。」

當時塚原先生振振有詞地說：「可是，兩個都一樣便宜五〇〇日圓！」話才說

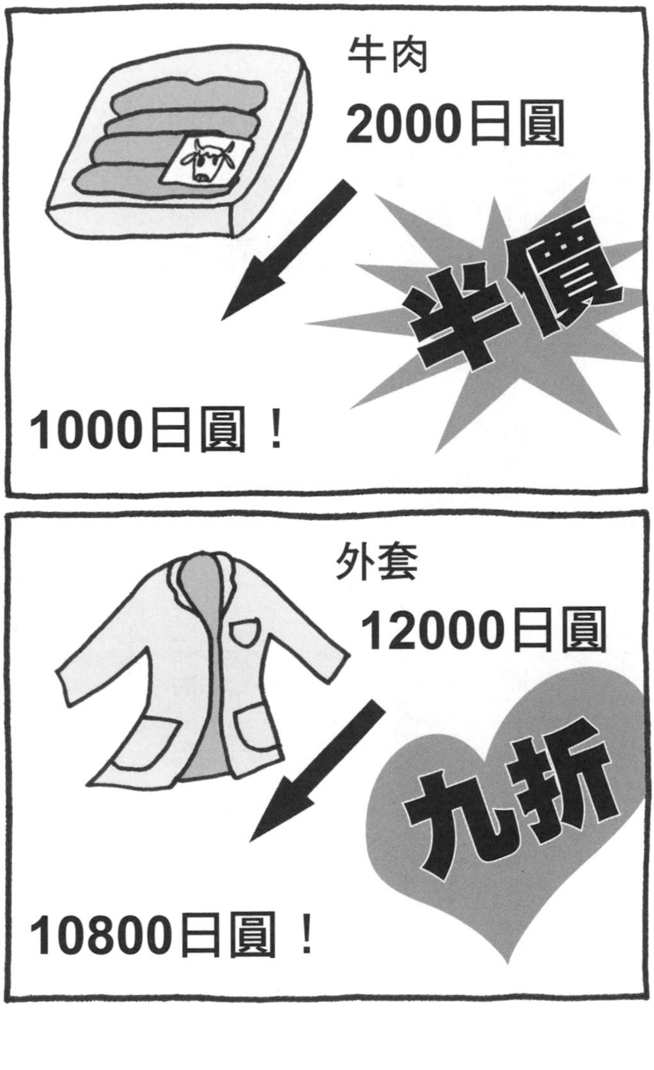
牛肉
2000日圓
半價
1000日圓！
外套
12000日圓
九折
10800日圓！

完，井之原先生就發表了一段讓人意想不到的發言：「各位難道不覺得，真正節儉的人應該會買三千日圓的紅酒嗎？這種人一開始就不會選擇一二〇〇〇日圓的紅酒。」

水道橋博士也說：「我也很節儉，所以我不吃牛排。」

總之，就是這個道理。如果沒有事先建立自己的價值觀標準，以為「買到賺到」的消費行為，也會被價格陷阱弄得失去原則。他們不愧是《朝一》的來賓，都比我更能堅持原則，我甘拜下風。

順便一提，井田女士說，她買東西和打折無關，只會購買需要的東西，超級主婦絕對不會囤貨。

可是要是沒有囤貨，萬一東西用完了不是很不方便嗎？井田女士竟然回答：「只要接受暫時的不便就好了。」

因此，不管多便宜，只要家裡還有就絕對不買。不只是容易腐壞的食材，連保存期限較長的日用品也堅持不囤貨。

確實，囤積而不用的物品既佔空間，在拿出來使用前的這段期間，無法發揮任何價值。還不如讓物品以金錢的形式存在，並用在對當下的自己來說，最有意義的事物上。

只要有囤貨就不會珍惜，不論買得多便宜，結果還是浪費。大家要明白這個道理。

不為眼前的近利所誘，嚴格審視當下的真正需求，如此一來，一定可以找到充滿自我風格的存錢方式。

哪個比較划算？

× 折扣率高

◎ 折扣總金額高

× 因為便宜，先買起來囤積

◎ 需要時才購買適當的份量

壞習慣2：現金回饋、又送贈品，所以只能一直刷

伊豫部

即使我們極力避免浪費，但是現在社會上，到處都充斥著刺激欲望、讓理性麻木的外在因子。而且，購物如此方便，即使手頭沒有現金，也可以先使用信用卡簽帳，再事後付款，購物的難度大幅降低。

根據ＶＩＳＡ公司的調查，日本人在結帳時，有八成選擇付現，使用卡片或電子錢包等非現金形式結帳的比例，只佔兩成。相較之下，美國光是使用信用卡付帳的比例，就高達三六％。說日本人屬於保守的「付現派」也不為過。

然而，日本即將舉辦東京奧運，為了滿足大量湧入的外國觀光客需求，政府計畫讓日本成為「去現金化」的國家。

社畜的理財計畫

當消費變得越來越方便，如果無法堅守原則，不知不覺就會掉進過度消費的可怕陷阱當中，而且這個陷阱可能比我們想像的還要深不見底。

沒帶錢也能購物，還能集點，甚至附加免費的保險，機場的貴賓室也能自由使用……，信用卡的便利和好處簡直數也數不清。現在除了堅持不辦卡的保守派，幾乎人手一張信用卡。

大多數的人都認為，自己絕對不會使用信用卡貸款，做出讓自己掉入負債地獄的傻事。我一開始也這麼想，不過，當我發現丈夫也使用信用卡貸款時，當下驚愕地連一句話都說不出來。

在便利且容易貪小便宜的日常生活中，潛藏著許多我們無法察覺的危機。橫山先生認為，現代人持有信用卡時，實在太疏於防備了。

橫山先生的客戶中，有不少債台高築的案例，其中最常見的肇因就是使用信用卡貸款。這些人在貸款的當下毫無所覺，等回過神來，已經欠下幾十萬、幾百萬日圓的卡債，最後連正常生活都出現問題。

聽到這裡，我這個思想停留在昭和時代的腦袋，浮現的是沉迷於賭博的歐吉桑、到處蒐購名牌商品的虛榮女人，或是在牛郎身上揮霍錢財的多情女。但事實上，負債累累的人裡面，多半是過著普通生活、認真工作的人。換句話說，這些人都擁有務實的生活價值觀。

「他們絕對不是被欲望牽著鼻子走、過著墮落生活的人，卻因為一個不慎的失足，讓自己墮入萬丈深淵。」橫山先生一再強調，這不是別人的故事，很可能發生在每個人身上。

透過橫山先生的協助，走出人生低潮的三十歲女性A小姐，和我們分享了她在使用信用卡貸款後，過著如何艱辛的日子。

A小姐從小就在父母嚴厲的教育下長大，擁有嚴謹的金錢觀，是自己努力一點一滴存錢去國外留學的務實主義者。可是她卻說：「等我察覺時，信用卡貸款的金額已經高達二七〇萬日圓。」

事情的開端，就只是在百貨公司地下街購買熟食這類小事。偶爾買件衣服、通勤的定期票，都是沒必要使用信用卡的小額消費，但A小姐覺得刷卡很方便，而且還能累積點數，不用白不用。很常見的情況，對吧？

然而，A小姐開始忘記曾經刷卡買過東西，因為消費的當下現金沒有減少。收到帳單時，上面的數字總是自己預想金額的數倍，出差時墊付的帳單寄來時，更是會讓人焦頭爛額的高額數字。

後來，為了在信用卡帳單扣款的日子，確保帳戶內有足夠的錢，A小姐平時都儘量以信用卡消費，最後只能依靠信用卡維持生活。

然而，總會有需要使用現金的時候。像是參加公司聚餐，需要用現金攤付時，只好使用信用卡預借現金。這時會產生錯覺，把信用卡的上限額度當成自己的存款餘額，認為自己只是去銀行提領現金，沒有意識到正在借錢。最後，等到每個月的信用卡帳單金額佔去一半的薪水，只好動用循環利息。

A小姐說：「循環利息機制，是每個月只要繳納一定的金額，不必繳清。乍看之下以為是救命仙丹，事實上只是拉長還款時間，利息和手續費也很高，一點都不划算。因為清楚這件事，所以我對循環利息的印象本來就很差。」

可是，都到了這個地步，錢對A小姐而言已經不是「為了購物而存在」，而是

「為了還錢而存在」。為了擠出錢來，A小姐只能動用循環利息。最後在看到寄來的帳單時，A小姐只覺得「受夠了」，甚至想把帳單丟掉。雖然明明知道借款正在持續增加，但每個月的繳款額度沒有改變，不知不覺中，債務就像滾雪球般越滾越大。

A小姐甚至開始逃避現實，妄想著「只要中樂透就能全部還清了」。

橫山先生拿出A小姐諮商前的最近一期帳單，上面列出的借款總額是二七〇萬日圓，每個月要向三間信用卡公司還款，金額合計是四五〇〇〇日圓，其中利息高達三三〇〇〇日圓。這樣下去，要到哪天才能還清啊？

A小姐越想認真還債，越是陷得更深，加上她過去的金錢價值觀本來就很嚴謹，因此很容易下意識地對「債務不斷增加」的事實視而不見。這就跟女孩子總是說「甜點放在第二個胃」，騙自己吃下許多蛋糕一樣。的確，平常越是正經的人，越容易有這樣的傾向。

A小姐曾經過著如此慘痛的日子，現在經由橫山先生協助，重新振作起來。

她說：「錢不是為了還債而存在，而是為了有意義地使用。今後我想過這樣的人生。」

如今，要得到一張信用卡太過容易，所以在使用信用卡的同時，務必要有足夠的自覺，並且小心注意各種可能被利用的情況。

壞習慣3：業務員推卡、聯名卡，所以手上一堆卡

伊豫部

一般人到底持有幾張信用卡呢？

根據《朝一》針對三千八百九十位受訪者所做的問卷調查，日本平均一個人持有三・一張信用卡。

讓人驚訝的是，當中竟然有二三％的人持有超過五張信用卡。其中多半是家電量販店、超市和藥妝店的聯名卡。詢問受訪者原因，目的大多是為了集點。經常光顧的店家做宣傳，只要立刻申辦就會贈送點數，因此大家不知不覺就辦了卡。

曾接受我們採訪、持有七張信用卡的千惠女士說，自己常常不小心過度刷卡。她持有的七張卡片分別是：某童裝品牌的信用卡、超市的信用卡兩張，加油站的信

用卡兩張、大型量販店的信用卡、以及百貨公司的信用卡。

改善千惠女士的惡習，並給予她建言的人，是經營集點入口網站「集點探險俱樂部」的負責人菊地崇仁先生。

三十多歲的菊地先生，在東京都心有一座獨棟透天的別墅，是育有兩個兒子的實業家。他回北海道省親時，機票費全都是以信用卡的里程點數買單。實際拜訪菊地先生的住家兼辦公室時，發現他真的過著如同童話故事般的美好生活。

菊地先生的皮夾裡，洋洋灑灑收納了四十張信用卡。黑卡、白金卡、金卡到一般卡都有。然而，持有這麼多信用卡的菊地先生卻建議大家：「**想存錢的話，信用卡最好只有一張**，集點全部使用同一張信用卡，再多也不要超過三張。」

總之，只需要一張信用卡。如果是超市的聯名卡，到該超市消費當然不用說，就算是到其他競爭的超市、大型量販店、加油站消費，或是繳水電費，全部使用這張信用卡付款。

其實，菊地先生是因為工作上的需要，才會持有這麼多信用卡，他在私生活中使用的卡片只有兩張。

千惠女士聽到這個建議後非常吃驚，因為她一直以來都覺得，自己聰明地使用每張卡片，還為此得意洋洋。

菊地先生幫千惠女士計算了消費金額與獲得的點數，結果發現，如果所有消費都使用最常去的超市聯名卡結帳，獲得的總點數還稍微高出七張卡片一起使用。

不過，菊地先生說，就算點數比較少，還是建議只使用一張卡片。如果分別使用兩家超市的卡片，就會覺得沒有參與到優惠或點數倍增的活動很吃虧，於是變成在兩家超市都過度消費。浪費變多，會增加信用卡刷爆的風險。

千惠小姐恍然大悟地說：「天啊！真的是那樣沒錯！」

為了賺到紅利或優惠，必須經常確認優惠日，思考使用哪張卡片比較划算，進而增加心理負擔。兩張卡片的負擔就是兩倍，消費時的判斷力便會因此下降。

根據菊地先生的建議，我們製作85頁的圖表讓各位參考，如何選擇對自己而言最划算的信用卡。

將每個月的支出分類，找出哪個項目支出最多、最容易累積紅利點數，然後選擇使用該項目的信用卡。如果是交通費支出最多，就選擇航空公司或鐵路公司的聯名卡，再從中選出使用頻率最高的公司信用卡。如果是水電瓦斯費支出最多，就選擇支出次多的項目聯名卡，或是選擇不管到哪裡購物都能累積高紅利的卡片。往後消費全都使用該張信用卡結帳。

菊地先生在每次刷卡後，都會立刻上網確認購物明細。他說，這麼做是為了確實地掌握扣款時間。菊地先生本來就不是會過度刷卡的人，每次都會遵循事先決定的預算去消費，從沒發生刷爆信用卡的悲劇。

聽完菊地先生的建議，我深切覺得，持有信用卡時，至少要有這樣的把握作為前提。相反地，老是覺得無所謂、對預算敷衍隨便，一看見想要的東西就衝動刷卡的人，持有信用卡真的非常危險。

如何選擇信用卡的

家用支出分類表

項目	金額
水電瓦斯費	15.000 日圓
交通費	20.000 日圓
百貨公司	62.000 日圓
超市	45.000 日圓
網路購物	18.000 日圓
大型量販店、藥妝店	5.000 日圓
加油費	10.000 日圓

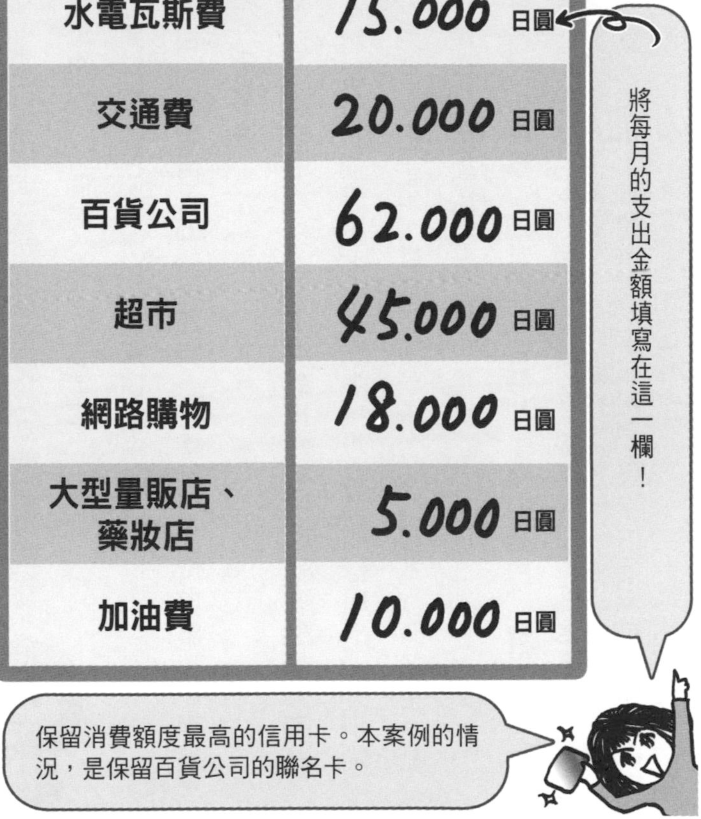
將每月的支出金額填寫在這一欄！
保留消費額度最高的信用卡。本案例的情況，是保留百貨公司的聯名卡。

掌握自己持有多少張信用卡非常重要！

我採訪的CIC株式會社，是由信用卡公司共同出資成立的信用情報機構（編註：相當於台灣的聯徵中心），同時也是經濟產業省（編註：相當於台灣的經濟部）依據《分期付價買賣法》所指定的信用情報機構。

每個人都可以透過這家公司，查詢自己的信用資料。直接到公司窗口申請，手續費是五百日圓，網路申請則是一千日圓。

作為節目參考，我申請了自己的信用資料，原本以為我大概只有三張左右的信用卡，沒想到調查後發現，我竟然持有六張信用卡！那三張預想之外的信用卡，分別是我在大型量販店辦一張，銀行開戶時辦一張，就業時辦一張。因為根本沒有使用，甚至忘了它們的存在，但每年還是被自動扣款繳納會費。

透過這次調查，我還意外得知一件事。通常購買智慧型手機的費用，會與每個月的通話費一起分期繳納，事實上，這筆手機費用的交易名義屬於貸款。如果曾經因為帳戶餘額不夠，而沒有成功扣款，信用上就會留下不良紀錄，最慘的情況是可能造成無法申借房貸。所以千萬要小心！

壞習慣4：分期消費、負債一堆，因為人有「選擇性偏差」

伊豫部

各位還記得自己小時候，都是什麼時候才開始寫暑假作業嗎？每到開學前一天，是不是總是手忙腳亂呢？

根據大阪大學社會經濟研究所的池田新介教授調查，從這個問題的答案，可以看出當事人因信用卡面臨負債的風險高低。

我問了朋友這個問題後，大家熱烈地討論起來。

「日記都是最後才一口氣寫完，填寫天氣欄時特別辛苦。」「讀書心得都只看最後一頁就下筆。」「拜託媽媽幫我直接買菊花盆栽，結果帶到學校，顏色竟然跟大家都不一樣。」討論到最後，大家不禁相視而笑。討厭的事總是最後才做，這只能說是人類的劣根性吧！

不過，在行為經濟學的研究中，這不是能一笑置之的小問題。相較於不慌不忙、按照計畫完成暑假作業的人，總是在開學前夕才開始寫作業的人，因為信用卡貸款而掉進負債地獄的風險非常高。

在節目中，我們透過企劃展所做的心理測驗，調查每個人的負債傾向。本實驗是由池田教授監修製作，請各位試著回答下列的問題：

①假設你一定會拿到一筆錢，你會選擇哪種方式？
A：一年後拿到一千日圓。
B：一年又一週後拿到一四〇〇日圓。

②假設你一定會拿到一筆錢，你會選擇哪種方式？
A：現在立刻就拿到一千日圓。
B：一週後拿到一四〇〇日圓。

各位選好答案了嗎？

從結果來看，問題①回答B，並且問題②回答A的人，使用信用卡貸款的傾向較高。為什麼？

一千日圓和一四〇〇日圓，當然是一四〇〇日圓比較有利。可是，選擇B↓A的人，對於一年後的未來還可以耐心計畫，但當眼前出現利益時，卻無法忍受等待，明明兩者同樣都只要再等一週。換句話說，忍耐一週可以多得四百日圓的喜悅，無法與忍耐一週的痛苦相抵。

這次節目的實驗中，約有半數的人選擇B↓A。

信用卡可以立即實現眼前的欲望，選擇B↓A的人，在面臨眼前的欲望時，往往無法冷靜思考，讓這樣的人持有信用卡，確實相當危險。

這時，不禁讓人回想起A小姐的案例。她明明知道循環利息的利弊，卻還是使用循環信用，讓自己背負高額負債。

不過，請等一下，如果兩個問題都回答A呢？這種人超刷信用卡的機率難道不是更高嗎？

根據池田教授的說法，選擇A↓A的人本來就比較性急，因此有足夠的自覺，問題不會比選擇B↓A的人來得嚴重。

選擇B↓A的人在面對未來的事時，能夠理性地思考、判斷，提醒自己「耐心等待比較有利」，卻會迷失於眼前的利益，像這樣前後不一致的價值觀反而更危險。比起未來的利益，這種人更傾向於追求眼前的利益，以經濟學的術語來說，就是所謂的「選擇性偏差」。

兩者都選擇A的人清楚知道，自己沒有耐心等待一週，所以即使使用信用卡貸款，也有正在貸款的自覺，不會深陷其中，和不知不覺揹負高額負債的人不同。只要能意識到自己在浪費，就不會發生問題。這和橫山先生的說法不謀而合。

根據池田教授的調查，比起沒有選擇性偏差的人，選擇B↓A的人不僅使用信用卡貸款的比例高，使用小額信貸（編註：一種提供小額免擔保貸款服務的消費金融業者）的比例或是申請貸款遭拒的機率也較高。

曾經有人做過一個實驗，檢驗出：以眼前利益為優先，且毫無自制力的特質，對於往後的幸福人生將會有多麼深刻的影響。

1

假設你一定會拿到一筆錢，
你會選擇哪種方式？

A
一年後拿到
1000日圓

B
一年又一週後拿到
1400日圓

2

假設你一定會拿到一筆錢，
你會選擇哪種方式？

A
現在就拿到
1000日圓

B
一週後拿到
1400日圓

判定！

1A → 2A
標準急性子類型
對浪費有自覺，不太會做出令自己後悔的事。

1A → 2B
選擇性偏差
總是不小心超刷信用卡，容易後悔。

1B → 2A
這種人很少
老是擔心未來，所以會努力節約。

1B → 2B
忍耐力強
絕對不會超刷信用卡。

這是美國心理學家沃爾特・米歇爾所做的實驗，有個很可愛的名稱，稱為棉花糖實驗。實際觀賞實驗錄影帶，也讓人覺得非常可愛。

實驗的內容是，在四歲的孩子們面前放一顆棉花糖，並對孩子們說：「如果你們能忍耐十五分鐘沒有吃掉，就可以再得到一顆棉花糖。」

於是，有的孩子死命地盯著棉花糖忍耐；有的孩子為了不要被誘惑，而把棉花糖藏起來；有的孩子藉由唱歌分散注意力。結果，有七成的孩子無法忍耐，把棉花糖吃掉了。果然，要壓抑近在眼前的欲望非常困難。

這個實驗的可怕之處，在於多年後的調查。實驗的時間是一九七二年，研究人員後來對孩子們進行長期追蹤調查。

調查結果發現，十六年後，忍耐十五分鐘沒有吃掉棉花糖的孩子，比起無法忍耐而吃掉棉花糖的孩子，成績更為優秀。到了將近四十年後的二〇一二年，趨勢依舊沒有改變。能忍耐與不能忍耐的孩子，在社會上的地位或是年收入都有著明顯的差距。

壞習慣5：本想買1個、結果買10樣，都是不小心惹的禍

＝橫　山＝

我真心奉勸那些存不到半毛錢的人，如果希望從現在開始存錢，請立刻停用所有的信用卡。如果做不到，至少要限制自己使用信用卡的機會。

那麼，什麼情況不應該使用信用卡？首先，**不要用信用卡購買想要的東西，而是用於必要的東西**。

什麼是必要的東西？例如：交通費的電子錢包或是自動剪票口的扣款。畢竟沒有人會因為使用信用卡結帳很方便，而不小心搭太多車吧？每次自動扣款都能獲得點數，使用電子錢包還可以額外累積點數，非常划算。

在這種不會因欲望而出現衝動消費的情況，使用信用卡不但便利，也不會衍生

其他問題。

但是，絕對不能用在非交通費的場合，例如：購買點心、飲料、書籍等。除非你能保證會檢視每一條消費明細，清楚分類並且確實記帳。要是辦不到，全部的消費都使用信用卡付款，會讓支出項目變得複雜，無法清楚掌握每筆支出的流向。

我認為最好的方式是限定支出項目，像是前面提到把信用卡當作交通工具的儲值卡來使用。其他像是水電瓦斯費、電話費等每個月固定繳納的項目，也可以使用信用卡付款。不過，這類支出使用銀行帳戶的自動扣款，可能會有其他優惠，請仔細調查比較之後再做決定。

限制信用卡支出項目的最大目的，在於防止付款太過便利，而不小心造成浪費行為。總之，當你出現「反正有信用卡，就買吧！」的念頭時，千萬不要使用信用卡。

假設你只帶三千日圓的現金到超市購物，為了避免結帳時現金不夠，一定會仔細計算。可是，如果可以刷卡，就算你原本的預算只有三千日圓，也會想著「超過的話就用信用卡付款」，結果意外購買太多東西。

我沒有使用信用卡。可是，網路購物時，沒有信用卡很不方便，現金突然不夠也很傷腦筋。所以，我選擇另一種卡片，可以像信用卡一樣累積點數，卻不是事後付款，就像使用現金一樣方便。

那就是簽帳金融卡（Debit Card，以下簡稱金融卡）。這種金融卡可以當場結算，我推薦客戶使用，評價非常好。

現在日本國內發行的金融卡有J Debit和一般的品牌金融卡。J Debit比較常見的使用方式，是直接在銀行提款卡上附加金融卡功能，可以從帳戶內直接扣款。而我使用的品牌金融卡，截至二〇一五年二月為止，已有VISA金融卡和JCB金融卡兩種。

只要是可以使用VISA信用卡或JCB信用卡的店家，上述兩種金融卡也都可以使用。從外觀來看，金融卡與信用卡無異，如果沒有特別說，店員也會視作信用卡來處理。

金融卡的最大優點是能夠當場結算。在使用金融卡結帳的同時，銀行帳戶會馬上進行扣款。使用金融卡付款，不但可以收到支出金額的簡訊通知，還能隨時上網查詢明細，能夠清楚看到銀行帳戶的餘額因消費而減少。

只要刷卡，帳戶的錢就會減少，這是理所當然的事。然而，意識到這樣的「理所當然」，卻格外地重要。

使用先消費後付款的信用卡，常常會發生忘記曾經消費，被扣款時才被高額款項嚇得臉色發青的情況。使用金融卡不但可以避免這種狀況，還可以省去逐項記錄與計算的麻煩。

在便利商店、超市、網路購物，都能使用金融卡扣款，不只能累計里程數和點數，有些金融卡還有〇・二%至一%的現金紅利回饋。

雖然一般金融卡的紅利回饋可能會稍微低於信用卡，不過，像是永旺銀行（編註：日本的零售服務業與金融集團）的金融卡和信用卡，紅利回饋就幾乎相同。只要仔細比較，便能找到不遜色於信用卡的金融卡。

有趣的是，信用卡沒有使用限制，金融卡卻有名為「存款餘額」的使用上限。如果事先將當月的消費預算存入帳戶，列印明細表，立刻就能知道這個月還剩下多少可用餘額。

即使你想購買價格超過存款餘額的商品，結帳時也會顯示「無法扣款」，因為太丟臉了，絕對會仔細計算支出。相對地，只要在帳戶存入足夠的金額，就算要用金融卡買車也不成問題，只不過無法使用分期付款。

從「不需要攜帶現金出門就能消費」這點來看，金融卡和信用卡的性質沒有太大差異，非常推薦出國旅遊時使用。

VISA公司發行的金融卡和信用卡一樣全球通用，而且能像現金卡一樣提領當地的貨幣，只是在換算即時匯率這點上，需要特別留意。

在國外，使用信用卡提領現金，相當於融資兌現，會加算利息，而金融卡就只是單純的提款，不會加算利息。

此外，出國使用信用卡消費時，結帳時的匯率與消費時的匯率不同，較難做好財務管理。因為在收到帳單前，都無法得知到底實際消費了多少錢，所以覺得麻煩，索性盡情刷卡，加上旅遊心態的助長，常常不小心過度消費。

相反地，使用金融卡結帳不會出現匯率換算的時差，花了多少錢當下就能計算，較能夠杜絕無謂的浪費。

如果你總是存不了錢，又很想認真存錢，建議不要再留戀信用卡的紅利集點，下定決心申辦一張金融卡吧！這個方法獲得熱烈的迴響，實際這麼做的人也大多得以順利存到錢。

金融卡是由各大銀行發行，若在該銀行開戶，卡片還能當作提款卡使用。現在越來越多銀行提供金融卡的申辦業務，每家銀行的會費或優惠內容都不一樣，請仔細比較後再做選擇。

截至二〇一五年二月為止，在日本能夠申辦金融卡業務的銀行名單如下：

- VISA金融卡

駿河銀行、樂天銀行、日本網路銀行、里索納銀行、埼玉里索納銀行、近畿大阪銀行、青空銀行、三菱東京UFI銀行、永旺銀行等。（編註：台灣有中國信託銀行、中華郵政、玉山銀行、台北富邦銀行、第一銀行、華南銀行、渣打銀行等。）

- JCB金融卡

千葉銀行等。（編註：台灣有元大銀行、中國信託銀行、台北富邦銀行、合作金庫銀行、安泰銀行、第一銀行、國泰世華銀行等。）

壞習慣6：明明是生活費，卻買了保養品，因為家計簿沒列到

＝伊豫部＝

「好想要！但是絕對不能買！」對於這樣壓抑內心欲望的痛苦，還有因衝動購物而產生的自我厭惡，我們難道不能擺脫這種永無止境的精神折磨嗎？

＝橫　山＝

奉行「消、浪、投」生活的人多數懂得自律，努力減少浪費，即使不小心出現浪費行為，也會加以反省。不過，我也一再強調，浪費是必要的，用不著那麼斤斤計較。

我建議大家容許自己有一定程度的浪費，甚至希望各位可以**將浪費編列進每個**

月的預算，在限度內盡情滿足欲望。

譬如，妻子的零用錢。多數家庭主婦都說自己不需要零用錢。因為沒有上班、沒有收入，基於「不勞動者不得食」的觀念，總是聲稱自己絕不會奢侈浪費。但是，這種禁慾的態度，反而提升失敗機率。尤其是個性嚴謹、強烈希望存到很多錢的人，或是沒耐心、希望早日看到結果的人，更容易失敗。

也有人說：「我畢竟是家庭主婦，要向老公伸手拿零用錢，多不好意思。那麼重要的錢，不能隨便亂花。」可是，打開抽屜一看，保養品、衣服、做頭髮、和朋友聚餐、買書和雜誌的錢，全都毫不手軟地從家用預算中支出。

這不就是亂花錢嗎？像這樣令人傻眼的案例不算少數。我稱這種現象為「**人妻零用錢的黑箱化**」，這個金額的數字完全不是丈夫的零用錢可以比擬的。

如果妻子也有自己的零用錢，就會思考如何妥善運用，而不是想方設法捏造五花八門的名目，將自己的消費隱藏在家用支出當中。所以，我建議家庭主婦應該有屬於自己的零用錢，而且**家用支出中最好也編列「浪費」的項目**。

＝伊豫部＝

訂定「範圍限制」，與超級主婦們的家事和時間管理秘訣非常相似。譬如，書不能買超過書櫃所能容納的數量，這是空間的範圍限制；要求自己洗碗一定要在十點前完成，這是時間的範圍限制。

超級主婦們說，如果沒有訂定範圍限制，乍看自由，其實只是被欲望牽著鼻子走，反而更不自由。如果一開始就設定上限，接下來的目標就不是「捨棄放不下的東西」，而是「選擇想要放置的東西」，立場從被動化為主動。

用一個簡單的例子來說明：如果遠足前事先規定只能帶三百日圓的零食，選擇便相當單純。若沒有設定上限，就會不小心買太多喜歡的零食，出發前才發現不可能全部帶走，急急忙忙地選擇要放棄哪些，這樣一來根本是本末倒置。

＝橫　山＝

關於編列浪費預算的方式，我再推薦一種方法，就是**在家用支出項目中，列出「欲望消費」的項目**。事實上，能夠存到錢的家庭，一定都有一個不必斤斤計較、用於滿足個人喜好的的支出項目。

有些人選擇住在月租十六萬日圓的東京都心，因為他們認為，房租高一點沒關係，但必須堅持好的居住品質。相對地，他們會在其他花費上節約，例如：擅長節省交通費與做好時間管理。

有些人希望在交通移動上更為自由，會在需要時毫不猶豫地搭乘計程車，或是與人共乘；或是堅持每天買兩份報紙，對於這方面的支出不會斤斤計較。相對地，這些人會從其他地方節省來彌補，例如：不會買車，省下購車費；選擇最便宜的手機資費方案，省下通話費。

若能將錢用在喜愛的事物上，其他方面的節省就不會感到痛苦。花錢本來就應該是件快樂的事，我所期望的是，大家能夠不再因為花錢而感到自責、有罪惡感，而是能夠開心地花錢。

一張表列出家庭開銷的黃金比例，找出節約的切入點

══ 橫　山 ══

哪些支出項目應該列為欲望消費？

為了讓各位可以依照各自家庭的價值觀來思考，我先讓各位看一份資料。105頁的表格，是我在看過八千五百份家庭收支資料後，參考其中能存到錢的家庭狀況，而歸納整理出的收支比例。

在節目中，我曾經介紹「消、浪、投」的理想比例。支出比例會因為家庭年收入多寡、家庭成員組成、住在都心或衛星城市等因素而變動，所以資料終究只能作為參考。

只要嘗試接近這個比例即可，不必要求百分之百符合。參考這份資料，思考自

家庭收支的 黃金比例

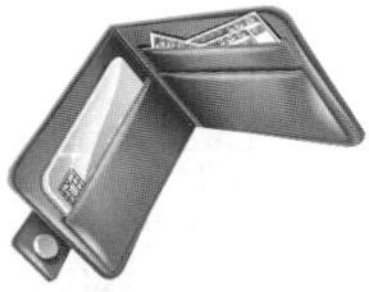

四人家庭：夫妻與就讀國中及國小的孩子

淨收入	100%	300,000日圓
居住費	24%	72,000日圓
伙食費	15%	45,000日圓
水電瓦斯費	6%	18,000日圓
電話費	4%	12,000日圓
保險費	5%	15,000日圓
日用品費	2%	6,000日圓
教育費	6%	18,000日圓
治裝費	3%	9,000日圓
交際費	2%	6,000日圓
休閒娛樂費	2%	6,000日圓
零用錢	10%	30,000日圓
其他	4.3%	13,000日圓
儲蓄	16.7%	50,000日圓
支出合計	100%	300,000日圓

己應該加強的部分，或是可以刪減哪些支出。請各位配合各自家庭的價值觀，規劃出屬於自己獨一無二的黃金比例。

在所有的支出項目當中，將家庭最重視的項目列為欲望消費。因為是自己重視的部分，所以名目多一點也無妨。為此，我建議各位先把各項名目攤開來比較，檢討各個項目分別應該編列多少預算。

例如，強迫自己比較教育費與治裝費，應該刪減哪一項？如此一來，就能找到輕鬆的節約方法。

我常常問客戶討厭什麼，以及有多討厭，再從中找尋節約的方法。

譬如，有人討厭手機——不要懷疑，真的有這種人——但因為工作上的需要，不可能不使用手機。對這種人而言，手機的重要性相當低。因此我們開始思考，是否能讓手機相關支出符合這樣的價值觀。

我詢問客戶理想的手機資費是多少，客戶回答：「目前使用智慧型手機的資費是八千日圓，希望能縮減至三千日圓以內。」現實上是否能辦到先擺一邊，首先要知道本人的期望，才能得到明確的數字。

接下來，要調查理想的可行性。結果發現，同時使用便宜的ＳＩＭ卡手機和多功能手機，每個月的通話費就能降到二五〇〇日圓。對於不常使用手機通話，卻希望獲得網路資訊，並且使用ＬＩＮＥ功能的人來說，這個方案非常合適。

像這樣，先找出討厭或不想花錢的部分，再思考自己願意支付的額度上限，或是乾脆完全刪除該項目。為了達成目標，蒐集相關情報、進行檢討，最後付諸實行，這才是輕鬆節約的捷徑。請大家參考黃金比例，做出符合自己價值觀的判斷。

因為刪掉或縮減的是討厭的支出，心裡應該會感到無比暢快，並且下定決心不再重蹈覆轍。

存到錢的人並非忍又摳，而是懂得把錢花在喜歡的事物上

伊豫部

大家可能會產生錯覺，認為「存錢＝辛苦的節約生活」。但是，橫山先生的方法不是如此。只要意識到自己的消費模式，就能順利存到錢。

可是，我有個強勁的敵人，名為購物衝動。這個敵人現身時，我幾乎不會考慮自己的消費模式，就算考慮過了，最後還是會冠上投資的大義，而衝動掏出錢包。等到事後冷靜下來，總會抱頭自責，悔不當初。

最後，甚至會將錯就錯地對自己說：我要申請撤銷這種不能衝動購物的枯燥人生！

＝橫　山＝
所以我說了，就算是衝動購物也沒關係！

＝伊豫部＝
相對地，必須在其他部分節約，對吧？
唉！總之還是要削減其他支出嘛。早知道最後還是要勒緊褲帶，度過辛苦的節約生活，我才不會做出衝動購物的行為呢！

＝橫　山＝
妳在胡說什麼！我說過，如果是自己討厭的或是對未來沒有幫助的多餘支出，就能夠輕鬆愉快地節約。

＝伊豫部＝
討厭並且多餘的支出……像是老公的生日禮物嗎？怎麼有我這種老婆？不行，

果然不可能那麼輕易刪除某項支出。先不論那是否多餘，畢竟對大家都有好處。

＝橫　山＝

既然這樣，就削減那個衝動消費項目「未來」的支出。如果現在衝動買了衣服，就減少下個月的治裝費，如果是吃太多外食，下個月就忍耐不要外食。

＝伊豫部＝

不對，會讓人忍不住想要衝動消費，不就代表自己特別重視這個消費項目嗎？所以才會感到痛苦啊！

就在我胡思亂想的同時，突然想起了某段採訪。

當時，正值東北大地震的災後重建時期，全國友之會認為：「就是這種時候，更應該要做好財務管理！」於是舉辦贈送家計簿的活動。以下是當時的採訪。

佑美女士是一位二十幾歲的年輕媽媽，住在岩手縣釜石市組合屋中，她抱著剛出生的嬰兒，秀出她才剛開始記帳兩個月的家計簿。

根據記帳的內容，雖然上面寫著治裝費預算是八千日圓，興許是看到非常漂亮的洋裝，本月的治裝費竟然已經花了二六〇〇〇日圓。

不過，佑美女士對此並不在意。她說：「雖然這個月超支了，只要下個月不買衣服，再減少一點娛樂費就沒問題了。」

為什麼佑美女士一點也不覺得辛苦？

佑美女士在邂逅命運的洋裝時，她想起了家計簿上的預算數字，並且加以比較思考。穿上喜歡的洋裝後所感受到的幸福，與下個月必須忍耐不能買衣服的痛苦，一起放在天秤上衡量之後，她選擇了擁有洋裝的幸福。

這是經過思考與抉擇後，才做出的自覺性衝動購物。於是我重新認知到，花錢本來就是一件快樂且幸福的事。以一〇日圓、一百日圓的小額單位，斤斤計較能省下多少錢，光是想像就讓人覺得痛苦。不過，換個角度思考，這一切不都是為了帶給自己與家人幸福嗎？

相較之下，我突然發現自己忘記真正的願望，拚命找各種無法節約的藉口，最後因不安而唉聲嘆氣。我對這樣的自己感到羞愧。

佑美女士原本居住的鵜住宅區公寓，因海嘯造成建築物幾乎全毀，死亡人數佔釜石市總死亡人數的一半以上。地震發生在她的產假前夕，因為正好在與住家有一段距離的地方上班，得以幸運逃過一劫。

震災前，佑美女士的夢想是蓋一幢屬於自己的房子。採訪時，我們看到很多佑美女士珍藏的建商宣傳手冊。當她看著以深棕色木紋牆壁設計的起居室照片時，打從心底浮現憧憬的笑容。

她失去了性命以外的一切，在相當於財產歸零的狀態下，開始了組合屋生活。然後生下孩子，並且為了養育孩子，只能拚命地度過每一天，根本無暇感到不安。

對於從零開始存錢，並且安於現狀的佑美小姐而言，夢想是支撐她活下去的最大力量。

橫山先生常說：「衝動購物也沒關係。」「買了沒用的東西也行。」「就算失敗也不錯。只要能察覺失敗的原因，也是一種投資。」

如果能預見未來的幸福，當下衝動購物的幸福感是必要的，將眼光放得長遠一點，思考也能因而變得從容。

相對地，當存錢的目的變成規避未來的不幸，就算存再多錢，也無法撫平心中的不安，反而會永無止盡。你會不停地想著：「如果太長壽怎麼辦？」「萬一生病怎麼辦？」「如果只剩下自己一個人怎麼辦？」

每次看到「在過世的某人衣櫥中，發現近億日圓現金」這類新聞標題，我們總會在心裡想：「真是悲哀的人生啊！」

儘管我們知道錢不是為了安心，而是為了享樂而存在，卻沒有自信能夠活出如此灑脫的人生。但至少知道，要為了幸福而使用錢，錢不是為了存起來而存在。

我想要為了未來的幸福而活在當下，並且隨時感受這樣的幸福，所以要改變因為衝動購物，而感到內心不安的思考方式。

輕鬆節約的秘訣

◎ 將所有支出項目攤開來比較，選擇相對上願意削減的項目。

◎ 為自己重視的事物設計一個不必斤斤計較的名目，從其他地方節省來彌補。

◎ 設定支出的上限。

存錢筆記

❶ 選購打折商品時，請注意實際的折扣金額，不要被折扣率所誘導。

❷ 使用信用卡時，務必清楚掌握每一筆支出的流向，如果無法做到詳實地記帳管理，就請停止使用信用卡。

❸ 限制持有的信用卡數量與使用場合，便能杜絕不必要的浪費。

❹ 將浪費支出編列在預算中，就會有意識地控管支出。

編輯部整理

-WEALTH-

第3章

10 個正確存錢與投資的理財計畫，做到財務自由！

方法1：要修正金錢態度，得先準備一個「家用錢包」

伊豫部

採訪橫山家時，發現了許多令人大吃一驚的事。第一件事，是在客廳迎接我們的成員人數。成員有橫山太太，還有最小正在上幼稚園、最大就讀高三的五個女兒，以及一個一歲大的兒子。

其次是，整個大家庭的收支，全由橫山先生的妻子博美女士一個人在管理。最讓人驚訝的是，博美女士沒有使用家計簿，卻總是能將支出壓在事前計畫好的預算之內。

博美女士使用的秘技就是「家用錢包」。博美女士向節目組展示了橫山家的家用錢包，那是一個看起來很普通、使用方便的長皮夾。這是全家人都能使用的錢包，因此毫無防備地擺放在客廳的某個固定位置。

「因為不是我自己的錢，所以沒關係。」博美女士的這番話讓我印象深刻。「家用的錢就是全家人的錢」這個觀念，令人耳目一新。

不論是拜託孩子跑腿，還是自己每週一固定的購物日，都是使用這個家用錢包裡的錢。

看見橫山家六個孩子，我杞人憂天地想著，如果全家一起出門購物，會不會有一個孩子吵著要買零食，然後另一個孩子哭著說「我也要」，結果在超市裡大哭大鬧。然而，實際情況卻讓人大感意外。

節目組請出門購物的橫山家人別上麥克風，從中收到的交談內容淨是孩子們的成熟發言，像是「媽媽，這個比較便宜」、「媽媽，這個家裡有，不要買」。

橫山家的孩子們都非常清楚，家用錢包的錢是全家都可以自由使用的錢，但同時也要擔負起管理的責任，這就是家用錢包的功能。

看了橫山家的做法，我也試著準備我們家的家用錢包。可是問題來了，我無法

社畜的理財計畫

相信丈夫，因為他是一個毫無自制能力的人。

跟大家分享一個故事。有一次我參加町內會（編註：日本的社會組織），摸彩抽中了機車，我開心地打電話回家，告訴丈夫這個令人開心的消息，結果他竟然生氣地說：「騎機車會披頭散髮！」他就是如此不識趣的男人。

由於我不是一個能幹的家庭主婦，所以經常是由丈夫出去採購食材，或是直接購買外食。我會將伙食費和零用錢一起交給丈夫，丈夫外食時，常常毫無計畫地亂花錢。

「喂，為什麼味噌湯放的是菠菜，配菜也是炒菠菜？」因為這種小事而起爭執的次數，多到數不清。

我對丈夫的評價是，他只要有錢就會毫不考慮地揮霍，就像一隻只要今天過得快樂就好的蟋蟀。面對如此無法讓人信賴的丈夫，家用錢包真的能發揮功效嗎？

總之，我還是試著跟丈夫說：「今天開始，這就是我們家的家用錢包。」並且建議丈夫有計畫地使用伙食費和生活費。

結果，竟然一次都沒有超支！怎麼會這樣？

原來，重點是把家用支出獨立出來！在那之後，丈夫不但開始用心地管理金錢，就連採買食材時，也會注意肉和蔬菜的營養均衡，實在太讓人驚訝了！

方法2：用除法計算出一天的預算上限

伊豫部

不想讓預算超支，博美女士傳授我另一個實用的秘技，重點在於家用錢包的補充方式。

這個方法和暑假作業計畫很像。當你規定自己某段期間只能花多少錢時，只要意志力不夠堅強，經常會一開始支出過度，最後只好過著拮据的生活。對我這種意志力薄弱的人來說，不想讓預算超支的方法，需要的不是努力節約的態度，而是讓自己誤以為很輕鬆的錯覺。

這個能讓人產生「輕鬆」錯覺的方法，就是「除法」。其實，全國友之會也很擅長使用除法。

具體的做法，是將一個月的伙食費預算除以當月天數，算出一天的可用額度，如果第一天超出預算，第二天就必須節約。使用這個方法後，很不可思議地，為了讓明天的可用額度增加，今天的節約竟然完全不會讓人感到痛苦。

「為了未來，所以現在必須省吃儉用」這種想法，會讓人覺得辛苦。不過，「把今天的錢留到未來使用」卻完全相反。事實上，做的事情並沒有改變，心情和感受卻截然不同。

前者讓人覺得是「放棄」現在可以花用的錢，後者卻是「選擇」把錢留到未來再花。**除法的運用可以讓人化被動為主動，積極地做出選擇。**

超級主婦們總是說，一個方法有沒有效，得持續八十年以上才能定奪。然而，他們對這個方法，卻給予「立刻就能見效」的超高評價。

就算不必確實記帳也能夠實踐，博美女士的秘訣是提款方式。

橫山家每個月的生活費預算是一〇萬日圓，以現金支付開銷。每到星期一，博美女士會從提款機領出一〇萬日圓除以五的兩萬日圓，將其放進家用錢包，而這兩萬日圓就是當週的生活費。只有這個步驟而已，非常簡單。

大約在星期三確認錢包內的餘額，是剩下一半以上、感覺有餘裕，還是瀕臨超支的警戒線？透過一目瞭然的餘額狀況，輕鬆地調整支出速度。

如果以月份為單位，很難掌握用錢的速度。月初時會覺得錢還很多，可以盡情揮霍，月底時才發現現金不夠，假如無法克制欲望，就極有可能超支。因此，以週為單位是最理想的方式。

伙食費是每天的必要支出，即使只是每天超支一點點，毫無自覺地日積月累，金額也會變得相當可觀。因此，想要掌控支出情況，必須在事情無法挽回之前立即調整，才不會不小心超出預算。超級主婦們是以天為單位，而博美女士以週為單位，感覺可以更輕鬆地調整支出速度。

橫山家的做法還有一個厲害之處，就是一週可用額度的計算方式，是將一個月的預算除以五。一個月的天數只有四週加上兩到三天，換句話說，第五週的天數根本不足一週。如果從月初開始，以每週兩萬日圓來生活，月底的最後一週會非常有餘裕，並且出現剩餘。

存錢秘技
錢包分類法

◎ 家用錢包

- 放置生活費的錢包。
- 全家人共同使用，並負起管理責任。
- 每週放入固定的金額，作為一週的生活預算。

◎ 浪費錢包

- 可以盡情浪費、使用的錢包。
- 將家用錢包中過多的零錢移過來。

◎ 零用錢錢包

- 依據個人喜好自由使用的零用錢。

方法3：依用途開設3種帳戶，管理你的重要資產

═伊豫部═

橫山先生存錢秘技的第二個重點，在於帳戶管理。

各位總共持有幾個存款帳戶呢？

我問了鄰座的男性監製，他回答共有九個帳戶，包含自己的、妻子的、長女的學費保險、次女的學費保險等，而且打算以後再設一個專門扣繳房貸的帳戶。他說：「莫名其妙就辦了這麼多帳戶。」

如果將眾多帳戶整合成兩個，一個帳戶專門用來扣繳房貸，另一個帳戶統合目前所有帳戶，專門用來扣繳水費、電話費、保險費等支出，適當地分配用途，不是比較好嗎？

橫山先生說，只要以自己方便使用的方式來整頓帳戶，就可以不必再煩惱該使用哪個帳戶來支付哪些費用，並且更容易存到錢。

請橫山先生務必告訴我們具體的做法！

═橫　山═

我會把銀行帳戶當成另一種錢包，因為帳戶和錢包一樣，都是收納、保管金錢的工具。帳戶還有另一項錢包沒有的功能，那就是規劃管理的功能。

雖然帳戶太多不好，但我不建議只使用一個帳戶。將帳戶依照功能分門別類，不但有助於整理思緒，更容易存到錢。

帳戶可以依照功能簡單分成三類：支出、存錢、資產運用。支出帳戶相當於存放生活費的家用錢包，存錢帳戶是儲蓄的錢包，資產運用帳戶則是用於投資金融商品的錢包。

不是將帳戶分類即可，重點在於個別帳戶的使用方式，尤其是各帳戶的存款順序最重要。接下來，我會詳細向各位說明。

1 支出帳戶：第一個必須確保的帳戶。

這個帳戶的錢用於該月份的所有消費，譬如房租、伙食費、日用品等，相當於支出錢包。所以房貸、保險費、水電費等，都從這個帳戶扣款。

第一個步驟，要在這個帳戶中存入一・五個月的收入。假如月收入是三〇萬日圓，就要存入四十五萬日圓。不過，這並不代表四十五萬日圓都可以使用，實際的預算上限還是三〇萬日圓。

2 存錢帳戶：第二個必須開立的帳戶。

將支出帳戶每個月的剩餘移轉過來儲蓄。存入的金額是六個月的收入。如果月收入是三〇萬日圓，必須努力存到一八〇萬日圓。這相當於生活預備金的錢包。

3 資產運用帳戶：最後必須設立的帳戶。

當存錢帳戶存足六個月的收入之後，每個月剩餘的錢就存入資產運用帳戶。

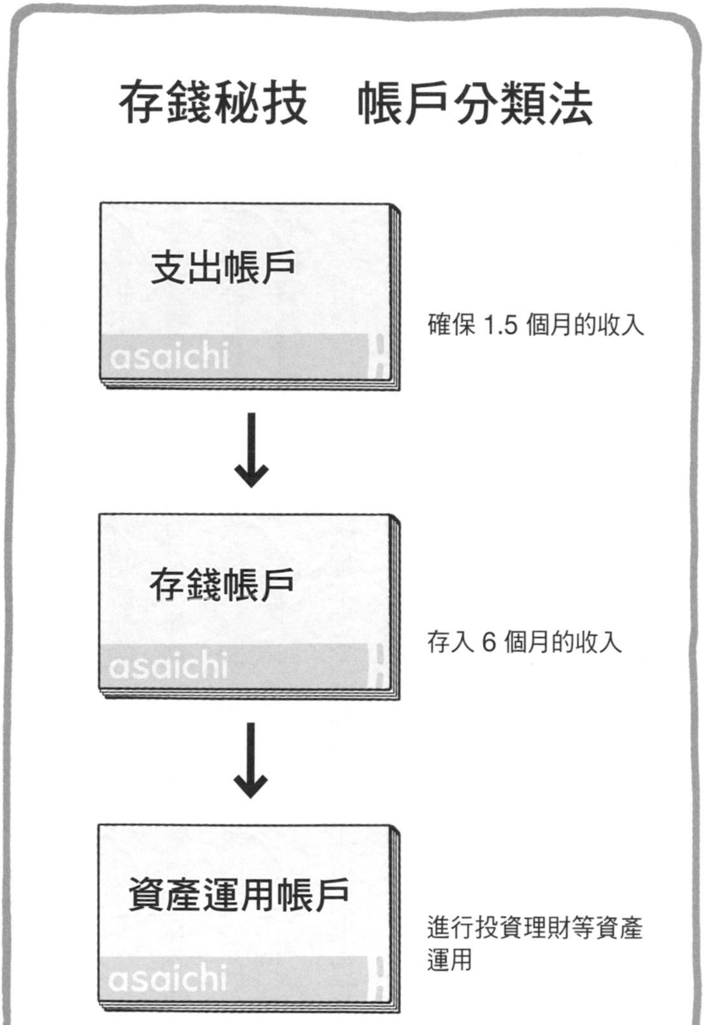
存錢秘技　帳戶分類法
支出帳戶
asaichi
確保 1.5 個月的收入
存錢帳戶
asaichi
存入 6 個月的收入
資產運用帳戶
asaichi
進行投資理財等資產運用

支出帳戶和存錢帳戶可以選擇在銀行、郵局或是信用合作社開設，資產運用帳戶則建議各位在證券公司開立。可能會有人覺得，在證券公司開戶很危險、很可怕，不過，我的用意並不是鼓吹各位進行賭博似的投資。

投資風險根據投資標的可大可小，有當日沖銷或是買賣外匯這種高風險投資，也有信託基金這種穩健的投資。我建議各位，一開始先選擇低風險的商品進行小額投資，並且以長期投資為目標。

雖然獲利不高，但總比把錢放著什麼都不做來得高明，至少可以期待它慢慢增值。投資最重要的目的，是確保資產的價值不會縮水。希望各位知道，在往後的時代，只是把錢放著、什麼都不做，資產價值很可能會因為通貨膨脹，而導致縮水。因此，只要將投資視為避免資產縮水的保險即可。投資商品中也有專為新手設立的基金，五百日圓就能進行投資。

至於投資方式，由於每個人的需求不同，我就不針對投資商品進行詳細的說明。最重要的是，請各位在投資時，務必妥善分配投資的比例，除了國內的債券和基金外，也可以投資國外的金融商品，分散投資風險。

或許有人覺得，資產運用是屬於有錢人的遊戲，但我認為在現今這個時代，投資是主婦們應該學會的家計防護對策之一。

請依照「支出↓儲蓄↓投資」的順序，在帳戶裡存入足夠的金額。但是，跳過儲蓄、直接進行投資這種倒行逆施的做法，是絕對禁止的！

◎支出帳戶講座

〓伊豫部〓

為什麼支出帳戶裡一定要存到一・五個月的收入？只存一個月份的收入，把其他錢都挪到存錢帳戶不行嗎？

〓橫　山〓

這麼做的用意，是希望確保之後不會輕易地從存錢帳戶中提領現金，因此刻意讓支出帳戶保有餘裕。

一年的家用支出不會總是固定的數字，生活伴隨著無法預料的變化，這很正常。譬如，年頭年尾的支出通常會比較多，假如有婚喪喜慶，或是突然蛀牙要看醫生等，支出金額不可能完全一樣。為了能夠以輕鬆的心情面對生活的各種意外支出，必須確保支出帳戶中至少有一・五個月的收入金額。

有人擔心出現意外支出，其實根本不需要為這種事煩惱，只要知道支出的原因和流向，就沒有關係。

＝伊豫部＝

這麼一來，就算超支，也可以使用支出帳戶裡的錢渡過難關，對吧？的確，如果因為超支而必須從存錢帳戶中領錢，會覺得自己很沒用。這樣的做法可以讓自己不必過於介意少許的超支。

不過，就算帳戶內有四十五萬日圓，一個月的支出還是必須壓在三〇萬日圓以內。因為每個月的能存進去的收入只有三〇萬日圓，如果持續超支，帳戶裡的錢就會越來越少。

〓橫　山〓

妳說得沒錯。所以，一・五個月的收入金額，就是檢查的指標。薪資入帳時，確認帳戶裡的錢是否維持在一・五個月的收入額度，並時常提醒自己，確保帳戶在月初時，要維持這個金額。

實際執行後，雖然一開始的設定是四十五萬日圓，但有時薪資入帳後會變成五十五萬日圓，這時就要將多出來的一〇萬日圓轉存到存錢帳戶。反過來說，當薪資入帳後，帳戶只剩下四〇萬日圓，接下來的幾個月就要努力多存五萬日圓，讓支出帳戶的金額恢復成四十五萬日圓。

〓伊豫部〓

不管是超支還是剩餘，這個帳戶都會誠實地反應出來呢！

〓橫　山〓

我建議使用金融卡的人，用這個帳戶進行扣款。這個帳戶用於支付伙食費、日用品等生活必要支出，以及房租和保險等固定支出，換句話說，它是為了不受欲望影響而開設的帳戶。

伊豫部

這樣的話，偶爾想奢侈一下、吃個好料，或是給孩子買玩具時，不就不能動用這個帳戶嗎？那麼錢要從哪裡來？

橫　山

還有個方法，就是幫「支出錢包」再做一個子錢包，開立一個零用金帳戶，並且每個月在零用金帳戶中存入固定金額。

以我家為例，我和妻子各有一個自己的零用金帳戶。我們的收入會先分別匯進這個帳戶，扣除固定金額的零用錢，其餘再全部轉進支出帳戶。

零用金帳戶裡的錢，就作為自己或家人的休閒娛樂費使用。換句話說，支出帳戶和零用金帳戶之間的關係，相當於家用錢包和浪費錢包。如此一來，就沒有必要

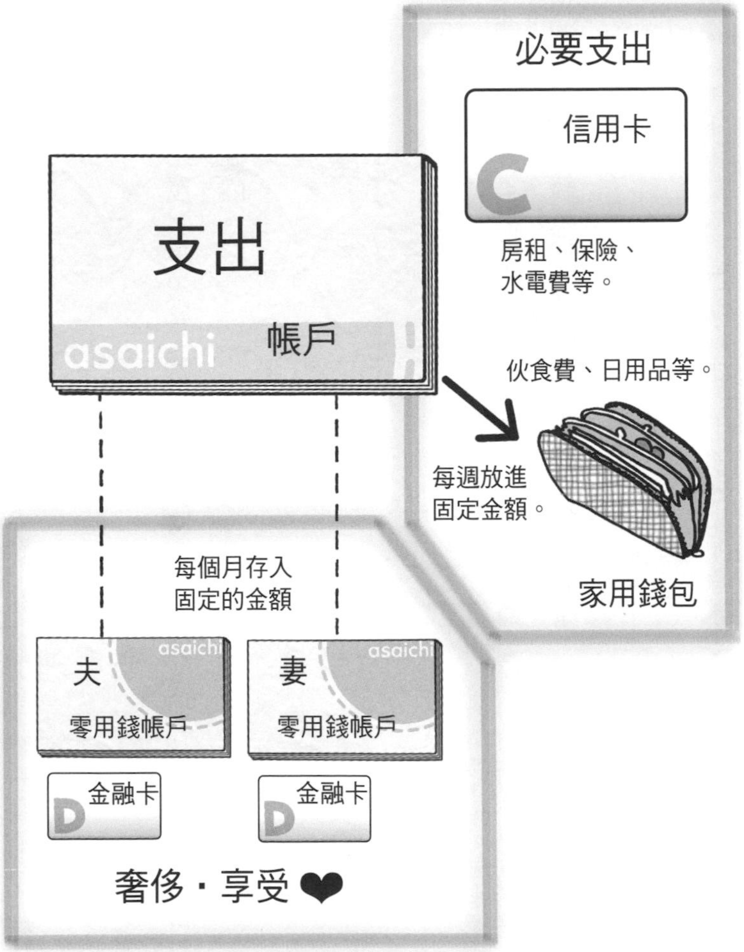
必要支出
信用卡
房租、保險、
水電費等。
支出
asaichi
帳戶
伙食費、日用品等。
每週放進
固定金額。
家用錢包
每個月存入
固定的金額
夫
asaichi
零用錢帳戶
妻
asaichi
零用錢帳戶
金融卡
金融卡
奢侈・享受

使用信用卡，我使用的金融卡也是直接從這個帳戶進行扣款。

伊豫部

原來如此。這麼一來，就能透過帳戶，將「需要謹慎控管的錢」和「可以輕鬆浪費的錢」予以區隔。

◎存錢帳戶講座

伊豫部

存錢帳戶是為了應付突發狀況而準備的生活預備金帳戶，存款的目標金額高達半年份的收入。存錢帳戶的功能和支出帳戶的預備金，用途上有什麼區別嗎？

橫　山

支出帳戶的預備金，是為了因應日常支出的變動或是意外支出而準備，存錢帳戶則是萬一突然失業或生病住院時，為了應付收入來源中斷而預做準備。

根據我的經驗，遇到這種突發狀況時，只要確保還有半年份的收入可以運用，就能夠重新振作。每個人情況不同，也有人至少要確保一年份的收入才能安心，依照自己的狀況調整即可。

＝伊豫部＝

那麼，只要存夠半年份的收入，多出來的部分一定要轉存到資產運用帳戶嗎？除了因應突發狀況的存款之外，也有人會為了孩子的學費、買房頭期款、旅行、搬家、結婚、養老金等目的而存錢吧？如果把剩餘的錢全部存到資產運用帳戶，總覺得這些錢很難再拿回來。

＝橫　山＝

如果用錢的目的明確，也決定好具體的使用時間，譬如：明年想出國旅行；支付孩子三年後的學費；明年春天要買腳踏車等，可以將這些項目所需要的錢存在另一個存錢帳戶，和六個月份的生活預備金區別開來。

我自己也有一個浪費用的存錢帳戶，這是為了某一天能夠盡情地浪費所準備的存款，總共是二〇萬日圓。

＝伊豫部＝

真是一筆不得了的浪費金額啊！不過，假如我想存養老金，好像很難達到儲蓄的目標金額，這樣錢不就永遠進不到資產運用帳戶裡了嗎？

＝橫　山＝

像養老金這種至少要十年後才會使用

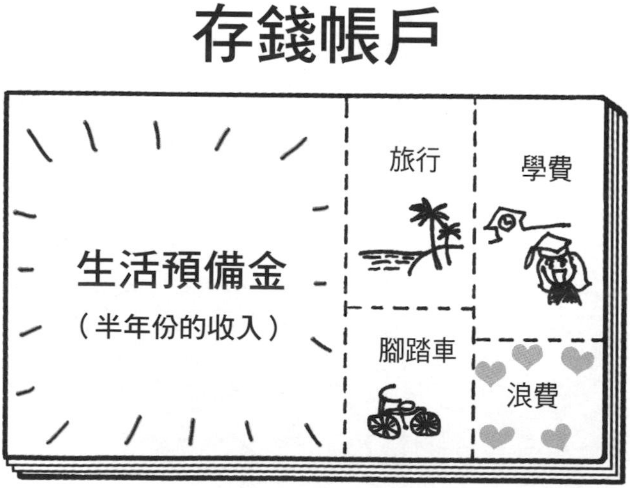

的長期儲蓄，就要存進資產運用帳戶。資產運用不是為了賺取暴利，而是為了不讓錢的價值縮水，用意是守住資產價值。

投資時，不要只著眼於股市，也要選擇相對安全性高的國債等的債券、以外幣為單位的貨幣管理基金（Money Management Fund，簡稱MMF）、貨幣儲備基金（Money Reserve Fund，簡稱MRF），藉此分散投資風險。股票不要只投資國內股市，可以選擇國外的上市股，一樣要注意投資平衡與分散風險。

當股市指數下跌，債券就會上漲。兩者的關係就像蹺蹺板，一個漲了，另一個一定會跌。此外，也要注意國內外的投資平衡。當然，你可能會想要支持國內企業，可是誰也無法預測到未來的經濟趨勢。

因此，依據股票和債券、國內和國外，將市場區分為四個區塊來思考，是投資時必須注意的重點。

即使是獲利低的投資，只要分配得宜，總比把錢全部存在銀行裡安全，還可能增值，急用時也隨時能夠回收。

═伊豫部═

的確，就算把大筆的錢擺在銀行或家中衣櫥，這些錢也是死錢。讓錢在資產體系中流動，才能作為活錢派上用場，最終回到自己身邊。

買房頭期款
養老金
孩子的結婚基金

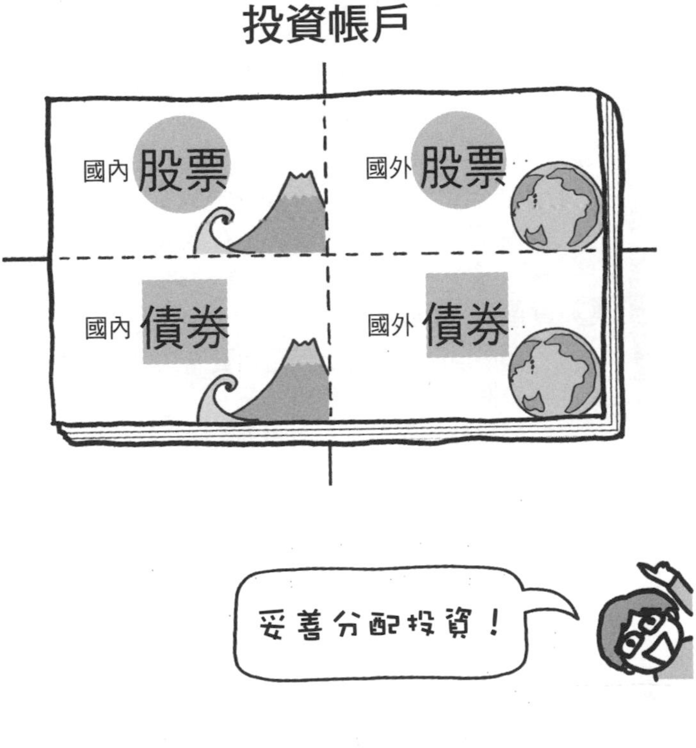
投資帳戶
國內 股票
國外 股票
國內 債券
國外 債券
妥善分配投資！

存錢秘技
有系統地使用各個帳戶！

◎ 支出帳戶

- 每週一次從此帳戶提款，放進家用錢包。
- 作為金融卡扣款帳戶。
- 金額設定為1.5個月的收入。
- 設立零用錢帳戶，用於非必要支出。

◎ 存錢帳戶

- 生活預備金帳戶，金額設定為半年的收入。
- 為了不久的將來所準備的存款或浪費資金。

◎ 資產運用帳戶

- 預防財產價值降低而運用資產的投資帳戶。
- 為將來所準備的積極儲蓄。
- 將風險分散於國內與國外、股票與債券。

方法4：從設定目標開始，每個人都買得起房

伊豫部

聽了橫山先生的建議，我決定開始認真儲蓄。一直以來，我都是使用支出帳戶進行儲蓄，因為金額經常變動，所以完全看不出儲蓄的成效。於是，我在橫山先生使用的網路銀行開設了新帳戶！在索尼銀行的網路銀行管理介面，一個帳戶可以依項目類別，再細分成五個子帳戶。

首先第一個設立的，是為了實現買房夢想的存錢子帳戶。接著，是名為「東京奧運計畫」的存錢子帳戶。我和丈夫打算休一個月的長假，參與這四年一度運動盛會，就算只是參加開幕儀式也好。總之，希望到時候可以毫無顧慮地花錢，所以一定要現在開始努力存錢。

在這個新設立的網路銀行帳戶中，每個子帳戶都有一個負責看守的吉祥物娃娃。只要在子帳戶中存錢，吉祥物就會開心地跳起舞來，彷彿說著：「我現在幹勁十足！」

旁邊還標示著彩色的直條圖，會隨著吉祥物的心情改變顏色。因為期待吉祥物的反應，我存錢的動力也隨之高漲。畢竟，我和丈夫都是缺乏耐心的人。

我們這趟東京奧運之旅的儲蓄目標是七〇萬日圓。我本來想，只要每個月一點一點慢慢存錢，總會達成目標。所以第一個月只存了一萬日圓，結果吉祥物的反應竟然是「自我反省中」。因此，第二個月我多存了五千日圓，吉祥物的回應卻還是「現在是應該克制欲望的時候」，甚至還說「我開始懷疑起自己」、「是不是應該兼個差呢」。怎麼會這樣!?

目標的達成率確實很低，但還是希望吉祥物能多少誇獎我一下。等等！它該不會是看穿我會為了被誇獎而努力，所以才故意那麼說？

我第一個子帳戶的目標是「買房」，由於目標金額以千萬為計算單位，就算再怎麼努力，達成率的曲線變化仍然是微乎其微。

因此，吉祥物的心情圖案一直呈現黑色或深藍色，明明每個月都有存錢進去，但吉祥物的反應總是一副要死不活的樣子，像是「生氣地跺腳」、「唉聲嘆氣」，或是「控訴般瞪大眼睛」。

儘管我的儲蓄帳戶總是籠罩著悲慘的黑色雲霧，但這樣的儲蓄方式讓我感到相當踏實。透過存錢帳戶，我能清楚看到「這些是我存下來的錢」，很有成就感。當我察覺時，存款數字已經超乎我原本的預想。

現在，只要支出帳戶出現餘額，哪怕只有一點點，我也會開心地轉存到存錢帳戶。透過這個方式，我可以確切地感受到「帳戶的金額＝實際存下來的錢」，不但有說服力，也提高存錢的動力。

此外，支出帳戶的金額只要維持一・五個月的收入，作為生活費支出即可，完全沒有壓力。只要查看支出帳戶的餘額，馬上就知道是否超支，光是這樣便讓人倍感安心，如果發現錢多出來，就立刻轉存到存錢帳戶。這樣的操作真是讓人感到雀躍不已。

支出帳戶的餘額偶爾會因為信用卡扣款，而一口氣減少。這時候，我會提醒自己，下個月要節省一點，絕對不要動到好不容易存起來的存錢帳戶。

如此一來，一旦將錢存進存錢帳戶，就不會再拿出來。雖然我會想「只存這麼一點點，吉祥物又要哀嚎了」，但是當存到的錢變成漂亮的整數時，想從存錢帳戶中領錢出來購物的欲望也越來越少。

最近，我將「買房」的存錢子帳戶，再細分成買房①、買房②等五個細項，結果吉祥物露出「彷彿要飛上天空」的喜悅表情，讓我覺得很有成就感。這個帳戶突然搖身一變，成為笑聲不斷的開心存錢帳戶。

前幾天，買房①的子帳戶終於達成百分之百的儲蓄目標！當我開心地想，是不是差不多要開始把剩餘的錢存到資產運用帳戶時，才發現自己完全忘記，要先將主要的存錢帳戶存滿六個月的收入。

為了買房所做的儲蓄，應該要在確保有半年收入的生活預備金之後，才開始慢慢進行，我竟然完全忽略了這個前提！

雖然對吉祥物感到抱歉，但我還是得重新規劃。
只是沒想到，像我這種毫無儲蓄概念的人，竟然也能如此輕鬆地成功存到錢。

方法5：善用複利、拉長投資時間，靠自己有月退不是夢

伊豫部

到橫山先生家出外景時，還發生了以下的事。

橫山家的六個孩子似乎都知道自家的存款金額是多少。為了確認這件事，塚原先生偷偷問了橫山家的長女，並向橫山先生確認長女說的數字是否正確，得到的回應是：「嗯，沒錯，銀行存款差不多是這個金額。」外景結束後，塚原將這個數字告訴我。

這個數字讓我們倆都大感意外：「才這麼一點而已!?」「比想像中還少呢！」如果拿我自己的存款來比較，那當然是小巫見大巫，但橫山先生一直給人坐擁幾千萬、幾億存款的印象，沒想到實際上卻意外地少。

不過，我現在才明白，我們當時有多無知。

那時候橫山先生說了「銀行存款」四個字。銀行存款是指存放在銀行裡的現金，也就是存錢帳戶的金額。其實，橫山先生早就把多餘的錢，都轉移到資產運用帳戶或是購入黃金，以不會讓資產縮水的「非現金」形式，保管重要的資產。

這時我突然明白，為什麼自己不管存了多少錢，還是覺得不夠而感到不安。因為我只想到要把現金存入銀行保管。

橫山先生所說的「把時間變成夥伴」，方法就是善用二十世紀最偉大的發明「複利」的力量。「時間就是金錢。」如果我能更早明白這個道理，該有多好。

橫　山

那麼，伊豫部小姐，請回答下列問題：

假設妳每個月拿出三萬日圓投資，努力投資十年。投資本金總額是三六〇萬日圓，投資報酬率是五％，十年後，三六〇萬日圓會變成多少錢？

伊豫部

天啊，我完全不會。應該是多了五〇萬日圓，變成四一〇萬日圓吧？

橫　山

很遺憾！答案是大約四六〇四萬日圓！（沒有將稅金計算進去的情況。）

伊豫部

哇，竟然多了一百萬日圓！不過，這是在能確保有五％獲利的情況下吧。如果是橫山先生一定辦得到，我就沒有自信了！

橫　山

我瞭解了。那麼，妳還是一樣每個月拿出三萬日圓投資，投資報酬率設定在三％就好。這樣應該覺得比較實際了吧？相對地，我們再增加一個條件：

假設，除了每個月拿出三萬日圓，另外將不會馬上用到的存款，挪出一百萬日圓來投資，投資年數是二十年。這時候投資總額是八二〇萬日圓，二十年後會變成多少錢？

伊豫部

大概是一千萬日圓吧？

橫　山

再多一點，大約是一一六三萬日圓。實際上可以獲利三四三萬日圓。進行長期投資時可能會覺得辛苦，但善用時間真的非常重要。我希望大家可以把時間當成夥伴。

所以，請別說因為沒時間而輕易放棄，就像剛才的例子，在能力範圍內挪出部分存款，初期只需要以現在不會馬上用到的存款進行投資，再仔細評估即可。

這麼一來，搞不好妳以後會對我說：「把現金留在身邊是絕對不行的！不行不行！我可是全都拿去投資了喔！橫山先生，接下來我該投資什麼比較好呢？哈哈哈！」

═伊豫部═

您把我的笑聲和語調模仿得真像。這讓我再一次見識到橫山先生卓越的觀察力，希望我有一天真的能笑得這麼開懷。

總之，我再一次認知到投資的重要性，決定再度挑戰看看。

我這才想起來，自己有一個投資股票專用的帳戶。自從股價暴跌以來就完全放置，甚至連密碼都忘記了。

就算繼續持有那些股票，我也不曉得下一步該怎麼走，所以乾脆橫下心來，全部賣掉。橫山先生建議我，從賣掉股票的錢中取出一萬日圓開始投資，每個月一點一滴，慢慢累積投資金額就行了。

我有個朋友投資基金十年，得到兩倍的獲利。他告訴我，不要有一夜致富的想法，雖然投資期間投報率會上下波動，但將時間拉長來看，資產會確實地增加。我聽了很心動，開始研究如何投資。

我開始投資的時間點，正好是日銀宣布加強實施寬鬆貨幣政策後不久。我從網路證券列出的「投資基金排行榜前三十名」中，選出數檔基金，以一萬日圓開始投資。

說真的，這是不是儲蓄型投資、投資內容是什麼，我完全沒有概念。儘管如此，三天後查看，發現多了十三日圓，一週後，居然有六百日圓的獲利。

我開心地決定乘勝追擊。國內的投資維持現狀就好，接下來要投資國外基金。我選了幾檔風評不錯的國外基金，追加一萬日圓進行投資。過了一週後查看，發現竟然出現虧損。我趕緊拿給橫山先生看，希望他能以朋友的身分給我一點建議。

橫山先生：「最初的投資標的是與日經指數連動的基金，不錯啊。」

咦？是這樣嗎？

「另一個是最近很熱門的基金吧？妳怎麼會想投資它？」

咦，為什麼嗎？因為是海外基金，而且成績排名前五，所以就……。

「這是不動產基金哦。真是的，如果不懂，就不要隨便投資！投資的錢是妳的重要資產啊！」

所以，我只好按下屈辱的取消鍵，放棄這檔基金。當時，我真的受到非常大的打擊。為什麼沒有仔細比較、選擇適合自己的商品呢？雖然已經不太記得了，但是我一定是抱持著投機的心態在進行投資。

我明明已經明白錢的重要性，卻還是做出這種事。大概是抱持著試試看的心態開始投資，沒有把區區的一萬日圓當一回事。不過，如果以這種心態投資股票，一定會蒙受極大的損失。

為了排除不安產生的僥倖心理，避開金錢減少的風險，今後我會牢記這次的教訓，腳踏實地投資，不再妄想一步登天。

錯誤方法：坊間「收入－儲蓄＝支出」，每月存定額你會受不了！

＝橫　山＝

整頓好帳戶後，接下來要學習如何妥善地使用金錢，讓支出帳戶有多餘的錢，可以存進存錢帳戶和資產運用帳戶。

在此之前，有一些坊間流傳的節約秘技或存錢方法，我希望大家能夠謹慎地看待。譬如，「收入－儲蓄＝支出」的典型存錢法，以及「將支出項目分袋管理」等。尤其是新手，千萬不要輕易把這些方法當成存錢良方。

1 「收入－儲蓄＝支出」的典型存錢法

這個方法建議大家在領到薪水後，先扣掉儲蓄金額，強迫自己用剩下的錢生活。如果你總是想著「等錢有剩再存起來」，當然永遠存不到錢，所以很多專家才會推薦這個方法。

這個方法當然有效，但並不適合管理家庭收支的新手。為什麼？

原因說起來很諷刺，因為新手一開始會覺得很有幹勁、很積極。不過，根據我的經驗，這樣的心態其實相當危險。明明還沒有完全掌握自己的財務狀況，就毅然地先刪減自己的可支出預算，憑著一時的幹勁要求自己過著節約生活。光是想像就覺得充滿失敗的風險。

很多人以為，憑著意志力能夠度過難關，但實際上，光憑意志力很難成功。就算順利度過了一、兩個月，也只是暫時的假象。因為，一直都存不到錢的人本來就不擅長努力，過度勉強自己，最後一定會出現反效果，最後故態復萌。

更可怕的是，你可能因此再也不願意認真面對家庭收支，挫折、失敗的經驗讓至今為止的努力全部化為泡影。這是我最不希望看見的。

不要勉強，請用自然的態度對待金錢。如果你想使用先扣除儲蓄金額的存錢法，首先至少要對家中經濟狀況，有一定程度的理解與掌控。或者視自己的能力扣除適當的儲蓄金額，一開始的野心不宜過大。

2 將支出項目分袋管理

這個存錢法是事前規劃好錢的用途，再分別編列預算。不過，我認為這和上述的方法一樣，對理財新手來說是很容易失敗的存錢法。

在不瞭解自己的消費模式的情況下，就算分別編列預算也毫無意義。假設伙食費的預算編得太少，月中就會出現伙食費不足的問題，只好從沒有用到的醫療費預算中週轉，結果到了月底，每個預算袋裡都一毛不剩。這是最典型的失敗範例。

曾經接受節目採訪的仁美女士，過去也是採取分袋管理法。她準備伙食費、外食費、雜支、醫療費、緊急預備金的信封袋，將決定好的預算分別放進信封袋裡，用這幾個信封袋應付日常支出。

採訪時，塚原先生一直對伙食費的信封袋感到好奇：「為什麼這個信封袋特別鼓？上面明明只寫著四萬日圓。」這是因為伙食費的信封袋裡全都是千圓鈔。

1 2 3 4 5

仁美女士外出購物時，會從信封袋取出固定的金額放進錢包裡。使用萬圓鈔容易不小心超支，所以只帶千圓鈔出門。儘管仁美女士如此用心地計算支出，還是存不了錢。

事實上，每當伙食費超支，仁美女士就從預備金的信封袋週轉，當預備金用完了，就從幾乎沒有用到的醫療費信封袋拿錢。結果，分袋管理根本一點意義都沒有。

分袋管理的方法本來就不適合理財新手。很少用到的醫療費不需要分類，雜費的定義也很模糊。如果未能依照自己的生活型態編列項目，分袋管理就發揮不了作用。

有些人管用的方法不見得適合其他人。我不希望大家使用不適合自己的方法，結果失敗了，就認為自己沒有理財的天份，從此失去理財的動力。

方法6：持續記錄「收支筆記」，讓開銷一目瞭然

＝橫　山＝

我先前告訴各位，就算無法使用家計簿一一記帳也沒有關係，從「消、浪、投」的方法開始理財，就能讓你慢慢存到錢。

不過，如果行有餘力，還是希望大家不要跳過記帳的步驟。我家現在沒有使用家計簿，是因為我們已經掌握自家的支出習慣，這一切還是要歸功於一開始的記帳習慣。

我認為，在對自家的消費有某種程度的掌握之前，使用家計簿、看見具體的家庭收支是必要的。為了能夠確切地掌握現在、過去以及未來的家庭收支，記帳是唯一有效的方法。

不過，也不必戰戰兢兢地準備，我希望大家能以輕鬆的心態看待記帳這件事。為了讓家計簿具有參考的價值，我會傳授幾項記錄的重點，新手只要確實掌握這些重點即可。

常有人問我，應該使用哪種規格的家計簿？其實沒有硬性規定，手邊現有的或市售的家計簿都可以。記錄於家計簿上的數字，使用黃色（消費）、紅色或粉紅色（浪費）、藍色（投資）的螢光筆標記，就可以達到視覺化的效果，這樣就已經相當足夠。

如果想自製家計簿，準備一本筆記本，再畫上分隔線就可以了。一個跨頁記錄一週的帳，包括合計的欄位，一個跨頁分成八行，再標示日期及支出項目名稱，自製家計簿就完成了（請見161頁圖表）。

為了方便記錄「消、浪、投」的分類，在繪製表格時，可以先預留分類欄。如果使用一般家計簿記帳，建議利用顏色分類。

支出項目一開始不必劃分太細。浪費時間思考支出屬於教育費還是娛樂費，一點意義都沒有。只要能掌握整體的家庭收支狀況、瞭解金錢的用途與流向，項目名

橫山式「消、浪、投」家計簿

	3/30(一)	3/31(二)	4/1(三)	4/2(四)		合計
消費	豬肉 380 米 3250	衛生紙 272		食材 4560		10886 67%
浪費	冰淇淋 270		漫畫 540	計程車 1790		2995 19%
投資		下午茶 520	商業書籍 1404			2294 14%
合計	3900	792	1944	6350		16175
備註	睡過頭，生活太懶散	好像有點感冒 媽媽跌倒	被老公騙了，沒有中樂透	不小心踩壞眼鏡		真是悲慘的一週…

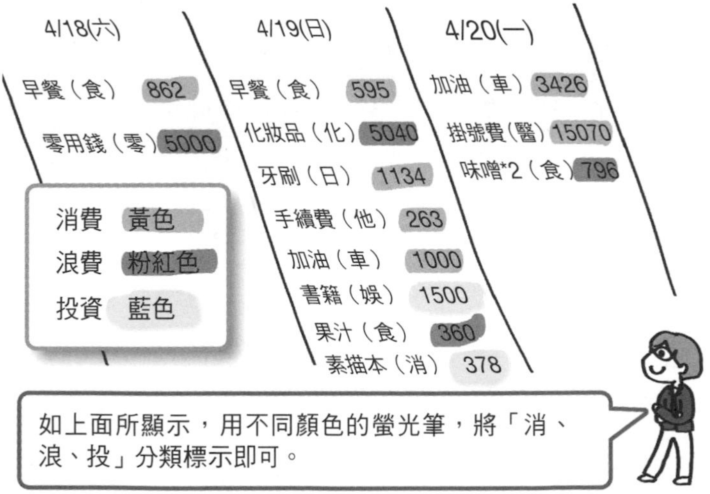

稱略有不同也沒關係。

例如，區分為伙食費、日用品、外食費、治裝費、美容費、交通費、醫療費、臨時開銷、其他等，像這樣大致分類即可。一開始只要列出以上項目，等習慣後，若發現其他真正需要的支出項目再加進去。

雖然也有EXCEL等試算表軟體或電腦家計簿，但根據我多年的諮商經驗，如果沒有特別拘泥於特定方式，我建議大家使用紙本家計簿。一來，軟體不見得適合每個人，如果使用過後才發現不適合，還要重新來過，反而提高難度。此外，就結果而言，使用紙本家計簿可以得到較好的效果。特別是記帳的新手，我更推薦容易養成習慣的紙本家計簿。

以手錶來比喻，就像指針式手錶比電子錶更容易讓人產生時間感，紙本家計簿易於閱讀，較能讓你掌握收支狀況。

此外，紙本的家計簿可以讓人感覺到情感。記錄了一整年收支的家計簿，大家通常會捨不得丟，因為這是買不到、充滿回憶的物品。家計簿能夠讓我們回想起當時的生活點滴，透過紙筆的書寫，彷彿將自己與家庭的生活軌跡，化為實體記錄下來。紙本家計簿不只記錄數字，也記錄情感。

因此，我建議各位在家計簿保留備註的欄位，記錄當天發生了什麼事，用寫日記的方式把發生的事寫下來，只是短短的一句反省、讚美也行。日後再次回顧，可能會讓你獲得意外的啟示，例如：「啊，那時怎麼這麼浪費。那天剛好上班遲到……，原來如此，我只要覺得累就會亂花錢。」

方法7：量身訂做「專屬支出項目」，記帳更有動力

＝伊豫部＝

在記錄收支時，如果無法順利歸納支出到底屬於哪個項目，就會漸漸失去繼續記帳的動力。為了讓自己持之以恆地記帳，請好好思考支出的項目名稱。並非單純地將支出名目分類，而是依照自己的人生目標，量身訂做支出名目。

舉例來說，全國友之會的核心價值是：在漫長的一生中，如何讓每天的家庭生活更加美好。

於是，列出的「居住費」項目不只包含房租或房貸、購買家具等支出，一般家計簿中細分的房租、水電瓦斯費、日用品費等項目，因為都是「居住」的必需支出，理應全部隸屬於居住費。

此外，購買眼鏡、棉花棒、健康食品、洗澡用的肥皂或沐浴乳等的費用，都是為了保健衛生而花費的支出，所以應該全部歸類為「衛生保健費」，這麼一來，就不需要「日用品費」項目。

還有「雜費」這個完全不清楚用途的項目，應該予以刪除。花錢時必需確實掌握支出的目的，不應亂無章法。

同樣的道理，也可以剔除「交通費」項目。參加家長會而使用的電車費屬於「教育費」；去遊樂園途中支付的高速公路過路費屬於「娛樂費」；前往和朋友聚餐地點而使用的公車費屬於「交際費」；去醫院看病時支出的計程車費則屬於「醫療費」。

此外，我增列「汽車費」項目，包含汽車保險費、停車費、加油費，才發現光是持有汽車的相關支出，一個月就高達數萬日圓。這讓我開始思考，是否要把車子賣掉，省下這筆錢。

另外，因為家裡有養貓，所以我還增列「寵物費」的項目。動物醫療保險、飼料、貓砂等的費用，全部記錄在這個項目中。

我嘗試以上述的方式將支出分門別類後，更清楚看到自己的花錢的目的，同時也更能感受到金錢的價值。

方法8：「編列預算」的首要重點：決定優先順序

＝伊豫部＝

超級主婦們的目標是建立「預算生活」。她們的理想是，事先設定好當年度的支出目的、編列適當的預算，並按照計畫度過一年。

這個目標聽起來確實不錯。可是，堅持以固定的預算生活，感覺似乎很辛苦。這樣想的我，在訪問了住在神戶的家庭主婦芳枝女士後，也開始嘗試記帳，並且擬定生活預算。

芳枝女士是全國友之會的成員。阪神大地震讓她新建好七個月、才剛開始繳納房貸的新家全毀，後來她又在同一塊土地上重建房子，前後共花了十五年，才將兩筆房貸全部還清。

在繳納第一筆房貸時，收入已經呈現非常吃緊的狀態，我問芳枝女士到底是如何度過難關，她只給了我一個極為理所當然的答案：「能節省的支出就盡量削減。」

芳枝女士不在百貨公司買衣服，而是改由自己縫製。相同的版型用不同的布料，做成了三件套裝。麵包也自己動手做，麵粉的磅秤因為經常使用，變得破舊缺角，連外殼都脫落了，由丈夫補修過後還是繼續使用，這個破破爛爛的磅秤就這樣用了十五年之久。此外，為了節省水費，想盡辦法用最少的水量清洗碗盤。

就算如此含辛茹苦地節約，在以千萬日圓為單位計算的房貸面前，根本是杯水車薪。要繳納兩間房子的房貸，省下的這點錢能有多大幫助？如果是我，打從一開始就會放棄重建新家。

可是，芳枝女士卻想盡方法節省，而且樂於這樣的節約生活。取材的同行攝影師在回程途中，突然對我說：「我第一次看到不得不讓丈夫幫自己剪頭髮，卻還能笑得這麼開心的女性。」

在大家流行把頭髮染成棕色時，芳枝女士捨棄上美容院，一直維持著黑色長直髮的造型。芳枝女士一臉幸福地說：「我之前完全不知道，原來外子的剪髮技術這麼好。」

為什麼芳枝女士一家人能夠過著這樣的生活？她說，在地震發生後，他們從瓦礫中挖出記帳了一整年的家計簿，透過這本家計簿，他們看到自己的消費習慣，以及對金錢的價值觀。

對芳枝女士和她的丈夫而言，「家」是家人的依靠，是世上最珍貴的東西。因為有了這樣的覺悟，才能坦然接受家計簿數字所呈現的現實，並且計算每年的最低生活預算，思考避免超支的生活方式，全家人同心協力完成目標。

芳枝女士說，透過擬定預算，她知道只要實踐就能達到目標，這個認知就是她前進的動力。「人啊，只要是自己決定要做的事，就不會覺得辛苦。」芳枝小姐這番話，總算讓我體悟到設定預算的力量。

話雖如此，但突然說要擬定生活預算，可能會面臨重重困難。我一直沒辦法做得很好。

首先要決定儲蓄的金額，再從可支配的預算中，依照項目優先順序，擬定預算金額。如果對自己太放縱就無法達成目標，太嚴苛又無法持續堅持。

這時，只要把握全國友之會實踐的「三大預算項目」就可以了！

三大預算項目是指以下三項：

$ 基本支出①（維持基本生活的最低費用）
$ 基本支出②（家庭現階段所需要的費用）
$ 選擇性支出（可以選擇是否支出的費用）

基本支出①是指家庭生存所需的最低限度花費，譬如：居住費、水電費、伙食費、治裝費、醫療費等。不管身處什麼時代，這些支出都不能省，需要的金額大約是十六萬至二〇萬日圓（編註：這裡是指日本的情況）。

基本支出②是家庭現階段的必要花費，譬如：孩子出生後的奶粉錢、教育費等。此外，同樣是治裝費，每天必須穿的衣服屬於基本支出①，孩子的制服或洗衣費則屬於基本支出②，用這種方式分類。

有趣之處在於，每個人對分類的認知或定義都不一樣。有人覺得車子屬於選擇性支出，也有人會說：「沒有車子就不能去上班，所以應該是基本支出②。」另外，有人認為上大學的學費是基本支出②，有人則認為屬於選擇性支出。

伙食費的部份，有人覺得沙拉醬不能歸類為基本支出，因為只要有鹽、油和醋，就能做料理，所以沙拉醬應該是選擇性支出。總之，每個人的看法都不同。

全國友之會認為，屬於選擇性支出的項目有染髮、外食、旅行、寵物。讓人訝異的是，也有人把網路費視為選擇性支出。確實，過去有很多人將手機通話費視為選擇性支出，但現在有越來越多人認為應該屬於基本支出②。到底該如何定義，依每個人的狀況決定即可。

這個方法能夠幫我們釐清，對自己而言，哪些是重要支出？必須以哪些支出為優先？

順位最優先的是基本支出①，即「只要有這些錢，至少可以活下去」的費用。

三大預算項目分類範例

選擇性支出

零食、健康食品、家具、園藝用品、寵物、外出服、外食、嗜好品、酒類、大學學費、補習費、才藝費、聚餐、拜訪、招待、書籍、演奏會、展覽、電影、音樂、娛樂、旅行、攝影、興趣、學習、燙染髮、給孩子或孫子零用錢、網路費、洗車、修理……

基本支出②

節慶、生日、嬰兒食品、營養午餐、沙拉醬、調味料、家具、尿布、手機、房貸、房屋修繕、制服、洗衣費、西裝、小孩的衣服、幼稚園學費、義務教育學費、婚喪喜慶、證照、中元、歲末、探病、一年期保險、返鄉省親、眼鏡、隱形眼鏡、就業費、零用錢、加油、停車費、車檢……

基本支出①

米、麵、麵包、加工食品、醬油、電費、瓦斯費、燈油、房租、管理費、水費、電話費、火災保險、內衣、居家服、醫療費、常備藥品、健康管理費、剪頭髮、家計簿、捐款……

只要掌握這筆支出的額度，就能在發生意外時，擁有面對問題的勇氣及意志。就算收入突然減少、被裁員或是遭遇天災，面臨突來的經濟危機時，也能馬上知道應該減少哪方面的支出，以度過難關。

全國友之會的目標，是將基本支出①的預算，控制在二〇萬日圓以內。依照橫山先生的說法，基本支出①和基本支出②都屬於「消費」，選擇性支出則屬於「投資」或「浪費」。

如上述，將「消、浪、投」分為「消」與「浪、投」，算出自己的生活理想預算，就能感受到擬定預算的成效。

方法9：馬上採取行動，否則一切都是空談

伊豫部

怎麼做才能存到錢？

如果我能做到「每個月的購物刷卡金額不要超過兩萬日圓」、「看到想要的商品時，不要馬上掏錢，先回家想一想」、「設定每週的生活費，按照預算生活」，就不用這麼辛苦了！一直以來我都對上述的做法嗤之以鼻。

沒有歷經努力的痛苦就存不到錢，這個世界實在太殘酷了！我就是討厭辛苦，所以才會鬧彆扭、不願意實踐以上的方法，真是差勁透頂。

橫山先生說：「接受差勁的自己、不逞強且努力嘗試的人，就能做出成果。相反地，也有人嘴上說幾乎把我的書都看遍了，實際上卻毫無行動，結果什麼也沒有

改變。很遺憾地，即使看了三十本我的著作，沒有付諸行動就沒有意義。就算只看過一本，如果對書中的某個方法產生共鳴，那麼請務必實踐看看。只要付諸行動，就能有所改變。」

天啊！完全戳中我的痛處。橫山先生說得沒錯，不付諸行動就毫無意義。但難道沒有更輕鬆的方法嗎？

任教於大阪大學、研究行為經濟學的池田新介教授，曾說：「只要養成習慣就好了。」

總之先試著做做看，等變成習慣，自然就能輕鬆維持，最後甚至會變得非做不可，不做還會渾身不對勁。

就算這麼說，我心中彷彿有個小惡魔在說：「我就是討厭做這種事！」但聽到習慣成自然的這番說詞時，我的腦海中浮現的具體事情是「洗臉」。應該沒有人會因為洗臉、刷牙很麻煩，不想做而乾脆不做吧？所謂「習慣後不會覺得辛苦」，大概就像每天都要刷牙和洗臉那樣吧！

在養成習慣的同時，行為會變得自動自發，你不需要再花心思做判斷，也就不會感到辛苦。你不會再煩惱，該在哪裡洗臉？手該如何移動？眼睛何時張開？關掉水龍頭後該做什麼？

其實，會感到辛苦的原因不在於付諸行動，而是判斷該怎麼做，以及行動前的決斷。習慣後不覺得辛苦，是因為不再需要做出判斷或決斷。

所以，對於辛苦但必須付諸行動的事情，不要再去想「這麼做的目的是什麼」，或是「這麼做很浪費時間」，只要做就對了！

對此，橫山先生有個「ABC口訣」。

A：理所當然的事情

B：就像個傻瓜一樣

C：好好地做就對了

（編註：「理所當然」日文發音開頭為A，「傻瓜」為B，「好好地」為C。）

職棒選手鈴木一朗常被說是努力型的天才。他最厲害的地方在於，連自認為很無趣的揮棒練習，每天仍然投注大量時間落實於行動。因為他養成了揮棒練習的習慣，才能在球場上有如此完美的表現。

就算是我們這種凡人，也能**透過習慣達成成效**。因此，首先要打造不需要動腦判斷的情況。

譬如，規定帳戶裡只存入預算的金額，並且只使用直接扣款的金融卡消費，如此一來，我們自然而然會在許可範圍內進行消費。因為沒有選擇的空間，所以也不需要做任何判斷。這讓我想起超級主婦曾說過：「設定上限比較輕鬆，也更加自由。」

為了避免看到商店而引起購物欲望，可以改變每天上班的路徑。為了省下午餐費，決定自己帶便當，因此睡覺前一定會先把便當裝好。

我好像漸漸養成記帳的習慣。因為覺得每天都動腦計算很麻煩，所以只有起初花點心思在EXCEL中建立算式，之後每天只需要輸入數字即可。

但是，我這個外行人製作的算式，不知道哪個地方設計錯誤，只要輸入數字，就會自動變成代表「消費」的黃色區塊，導致我的記帳畫面總是呈現「全部的支出都屬於消費支出」的狀態，變成無法反映事實的說謊家計簿。但還是能使用，就一直維持現狀，用到了現在。

只要輸入發票上的數字，就會自動加減，一眼就可以看出是否超支，對我來說，這才是最重要的。只要不會出現計算錯誤，雖然黃色看起來很刺眼，但也沒什麼關係。

養成習慣還有另一個秘訣，就是**消除對該行動的情感**。

在認識橫山先生之前，我從來不覺得感情用事有什麼不好，反而認為要讓自己產生做某件事的動力，最快的方法就是把那件事當成有趣的事，因此我會想盡辦法，找出那件事有趣或快樂的部分。然而，如果找不出工作有趣的地方，便無法把工作做好，最後當然一點成效也沒有。

其實，我常常有「工作好討厭，好想逃跑，不想去上班」的想法。一早就窩在沙發裡，一逮到機會就想蹺班。這時候，丈夫會不耐煩地把車子開到公寓前面，押著我去上班。我只能心不甘情不願地上車，一路上不停地訴苦和抱怨，一到公司，丈夫就會把我趕下車，最後我只好乖乖去上班。

就這樣在滿肚子怨氣的狀態下，開始一天的工作，等到下班時，總會慶幸自己有好好地完成工作。

「不要想著討厭或麻煩，既然是非做不可的事，什麼都不要想，去做就對了。妳的缺點就是太容易感情用事。」可惡！害我被貸款壓得喘不過氣的人，哪有資格對我說教。不過，丈夫這番話確實很有道理。

每個人都有一個不受情感左右、直接付諸行動的開關。

五十歲的S女士是橫山先生的客戶，她的行動開關是：把該做的事情當成工作。

S女士為了籌措三個兒子的龐大教育費，每天都絞盡腦汁。橫山先生發現問題出在伙食費上，一個月的收支中，光是伙食費就高達十二萬日圓。S女士想讓正值發育期的兒子吃到美味的肉，覺得只要不是高級的牛肉或鰻魚，應該沒什麼關係。加上她很討厭擬定支出計畫，覺得受到限制，沒有自由。

可是，拜訪過橫山先生後，S女士的想法改變了。她在菜色上下功夫，考量到營養平衡，使用蔬菜和少量的肉做出能夠滿足味覺需求的料理，並且開始擬定計畫，事先想好菜單，再依照菜單採買食材。

S女士腳踏實地努力的結果，終於把一個月的伙食費降到五萬日圓，總共削減了七萬日圓的支出。

成功的關鍵就是養成習慣。S女士下定決心完全依照橫山先生的指示行動，讓她成功的咒語是：「這是我的工作。」

「剛開始確實很辛苦，但是轉個念頭，把這件事當成工作，身體就會自己動起來。習慣之後，現在不這麼做反而渾身不對勁，大概已經回不去過去那種生活方式了！」

S女士能夠有自信地說：「我現在非常珍惜金錢。」抱持著這樣的心態度過每一天，也開始慢慢存到錢，越來越有前進的動力。

不被情感左右、實際行動過後，總有一天，幸福會降臨到自己身上。

有句話說：「笨人想不出好主意。」與其浪費時間，不如什麼都別想。如果任由辛苦的念頭在腦中無限放大，最後可能什麼事都做不了。什麼都別想，直接付諸行動，即可能成功、養成好習慣。

方法10：記帳時抓大放小，別在意超支的小錢

＝橫　山＝

如果下定決心要存錢，我希望各位能牢記一件事：不要拘泥於細節，重要的是保持輕鬆愉快的心情。

在實踐的過程中，很多人會因為一些小事而煩惱：「我不小心超支了三一〇日圓。」「晚上和朋友一起去喝酒時，順便吃了飯。這樣應該算是伙食費、外食費還是交際費？」

昨天甚至有客戶打電話給我，說：「我怎麼算就是少了二〇日圓！」要求完美不是壞事，但因此浪費過多時間和心力，反而會讓你永遠存不了錢。

我是理財專家，理所當然要擺出「錢是世上最重要的東西」的態度。可是，**對**

各位而言，錢應該不是最重要的吧。

錢確實非常重要，可是錢的背後有著更重要的東西，可能是家人、事業、夢想、興趣或閒暇的時間。是什麼都可以，把覺得重要的事放在第一順位，又能夠順利存到錢，這是最理想的狀況。

現代人忙碌於生活和工作，有餘力好好看待金錢的人反而很少。因此，我建議各位和錢保持一點距離，以更全面的角度看待金錢。假如你想讓自己習慣記帳，一開始支出項目不需要區分得太細，就算金額有點誤差，也不要太過在意，能否持續下去才是關鍵。

說起來有點丟臉，其實我在小學時功課很差，覺得上學唸書非常痛苦，其中特別害怕寫暑假作業的讀書心得。

為什麼呢？因為我總是會乖乖地從第一頁開始詳細閱讀，大概是潛意識裡認為，沒有仔細看完整本書，就寫不出讀書心得。沒錯，這就像記帳時連一日圓都要斤斤計較一樣。

可是，越想做得完美，越浪費時間，而且無法綜觀全局。書看到一半看不懂，我只好再回到第一頁重新開始，最後漸漸感到不耐煩，好幾次看到一半就看不下去，最後來不及寫心得，只好向哥哥求救。

那時，我向一個讀書心得常常得獎的孩子請教秘訣，他這麼說：「首先隨便翻閱一遍，大致看過整體結構，接下來仔細閱讀，最後才看後記的部分。」

自從我開始從事理財規劃的工作後，常有人問我記帳的秘訣，這時候我會想起那個孩子的話。

「首先，大致翻閱一遍。」

以輕鬆的態度開始（實踐）。

↓

「然後，觀看整體。」

↓

實踐到某種程度後，粗略地回顧一遍（掌握）。

「那麼，再看一次。」

找出在意的數字或記事，瞭解自己的花錢傾向（分析）。

↓

「最後是後記。」

思考未來的方向（感想）。

最後的感想是指將你想到的事或下次想做的事，以文字的形式記錄在家計簿上。

以這樣的方式看待家計簿，就不需要太多的事前準備。不用太過周到、過度追求完美。

我認識的人當中，比起每天認真且整齊記帳的人，使用暗號、印記或顏色等只有自己才知道的規則，讓家計簿看起來亂無章法的人，反而理財效果更加卓越。而且，不拘小節便可少花點心思，不但更容易養成習慣，持續的動力也大為提升。接下來，只要配合自己的步調去做即可。

從我的理財課程畢業三年後，可以保持畢業時最佳狀態，不再重蹈覆轍，養成習慣並持之以恆的人，都不是自我要求嚴格的禁慾者，而是配合自身步調慢慢前進的人。

另外，在我協助重振家計的期間，因挫折而放棄，又重新振作努力，歷經一番辛苦才畢業的人，不僅在精神方面有所成長，知識累積也不會比別人差。

投入時間，用自己的身體去體驗、牢記，自然而然就會變成自己的東西。這也是我喜歡家計重生這份工作，並覺得充滿樂趣的原因。

存錢筆記

❶ 準備一個家用錢包，每週放入固定的預算金額，勤快地調整用錢速度，可以降低月初亂花錢、月底勒緊褲帶生活的機率。

❷ 開設支出、存錢、資產運用三個帳戶，在支出帳戶中存入一・五月的薪水，存錢帳戶中存入半年的薪水，其餘投入資產運用帳戶，確保資產不會隨著時間縮水。

❸ 善用複利的機制，拉長投資時間，確保資產能夠穩定增加。

❹ 理財專家的存錢法不一定適用於每個人。可以透過各種嘗試，找出屬於自己的存錢方法。

❺ 量身訂做自己的支出名目，制定個人化的規則，就能輕鬆記帳。

❻ 以有限的金錢規劃預算時，最重要的是根據自己的好惡決定優先順序。

❼ 養成習慣，當存錢變成下意識的行為之後，就不會覺得痛苦。

編輯部整理

-WEALTH-

第4章

夫妻一起做理財計畫，四十歲前輕鬆存到 3000 萬！

案例1：主動讓家人看「家計簿數字」，觸發理財興趣

＝伊豫部＝

觀眾寄來的傳真或郵件中，最常見的問題是：「丈夫不肯配合我的理財計畫，該怎麼辦才好？」我懂、我完全懂！

當自己興致高昂地決定好好理財，家人卻不斷在後面扯後腿，真的很讓人扼腕。因此，我將在這個單元介紹：橫山式改變丈夫觀念的超級秘技。

首先要介紹的是，將家計攤在陽光下的「看吧看吧大作戰」。

具體的做法很簡單，**在可以引起丈夫注意的地方，貼上填滿數字的家計簿或手寫預算表的頁面**。想要引起丈夫注意，絕對不能直接把家計簿拿給丈夫，要求他閱

讀，所以一定要貼在醒目的地方。

什麼？就這麼簡單？或許你會覺得，「看吧看吧大作戰」這個名稱很詭異，但事實上，在橫山先生的所有秘技中，這個方法的效果是最好的。

接受本節目採訪的家庭主婦美雪女士，一直為家計所苦，雖然自己很努力節約，但丈夫卻覺得沒用，仍然在興趣上毫無節制地亂花錢。可是，賺錢的人是丈夫，實在很難開口要他減少零用錢或興趣支出。

橫山先生建議她使用這個方法時，美雪女士抱持著半信半疑的心情執行。她在月曆紙背面寫上支出項目和數字，並將「本月家計」四個字特別放大，貼在丈夫常坐的沙發對面牆壁。只要坐上沙發，就算不願意也絕對會看到。

當晚，美雪女士的丈夫立刻就注意到，並問：「這是什麼？」美雪女士為了不讓丈夫看出自己的企圖，裝傻回答：「沒什麼，家計的收支表。」

「收支表？」「是啊，總覺得記帳後還是很容易忘記，就試著做大張一點。」

丈夫滿不在意地哼了一聲，就拿起遊戲搖桿，不再繼續討論大型收支表的話題。

時間就這樣無聲無息地流逝，過了一個月，正好是丈夫發薪水的日子。丈夫對美雪女士說：「我的零用錢是不是減少一點比較好？」當下她還懷疑自己聽錯了，但還沒來得及回答，丈夫又接著說：「就減少一萬日圓吧！」

美雪女士實在太過開心，不小心說出：「沒關係啦，不用減少也……。」差點功虧一簣。

＝橫　山＝

男人不喜歡被指使，就算知道是正確的事，只要被他人命令，就會失去執行的動力。如果是妻子語帶埋怨的要求，更難以讓他們服從。請瞭解並且善用男人這種天性。

要讓丈夫自己察覺或是提起興致。請先把想說的話吞進肚子裡，讓丈夫自然地看見家計的狀況，並將這件事放在心上。

這個「看吧看吧大作戰」有各種實行方式，譬如**假裝把家計簿忘在廁所裡**。也可以在廁所裡安裝一個書櫃，當作家計簿的擺放場所。上廁所時，我們會不自覺地想要翻閱報紙或雜誌，只要能讓丈夫看見家計簿，就能勾起他的興趣。

為何要擺放家計簿？因為男人天生對數字比較敏感。千萬不要寫一封文情並茂的信，感情攻勢對他們不會奏效。

案例2：如何讓另一半主動減少零用錢，有3種技巧

伊豫部

接著，要介紹橫山式魔法。正確來說，應該是博美女士的魔法。

「想要減少丈夫的零用錢卻怕引起反彈，又不想因此破壞夫妻關係，該怎麼辦才好呢？」這也是主婦朋友經常諮詢的問題。

這個魔法最厲害的地方，就是**不會讓丈夫感到「吃虧」，反而會產生「賺到」的錯覺**，並且能令讓丈夫主動配合節約，夫妻一起為了家計而努力。當然，前提是妻子先付出努力。

接下來要傳授各位三個方法：

1 愛妻便當♥大作戰

其實，丈夫的零用錢多半花在午餐和飲料上面。有的家庭會把理髮和衣服送洗的費用也算進零用錢，其實丈夫也是相當節制的。在這種情況下，零用錢對丈夫而言就是必要的經費，用在娛樂享受上的額度其實相對很少。

因此，如果給丈夫的零用錢中不包含午餐費，而是能讓他真正自由運用在嗜好上面的零用錢，丈夫一定會覺得很開心。

不妨試著對丈夫這麼說：「之前都給你三萬日圓的零用錢，現在開始，我幫你準備便當，可以扣掉一五〇〇〇日圓用於家用支出嗎？如果我太忙而沒能準備，一天會另外給你八百日圓。雖然這麼一來，你的零用錢只剩下一五〇〇〇日圓，但你可以全部用在你想買的東西上面。」

結果會如何呢？只要丈夫不是特別喜歡外食，或是像女性一樣喜歡吃精緻套餐，他們想到原本每個月頂多只能擠出三千日圓用在娛樂上，現在突然倍增成五倍，當然都會開心地答應吧！

雖然家用支出只多出一五〇〇〇日圓，但購買食材時的彈性變大，如果能將多

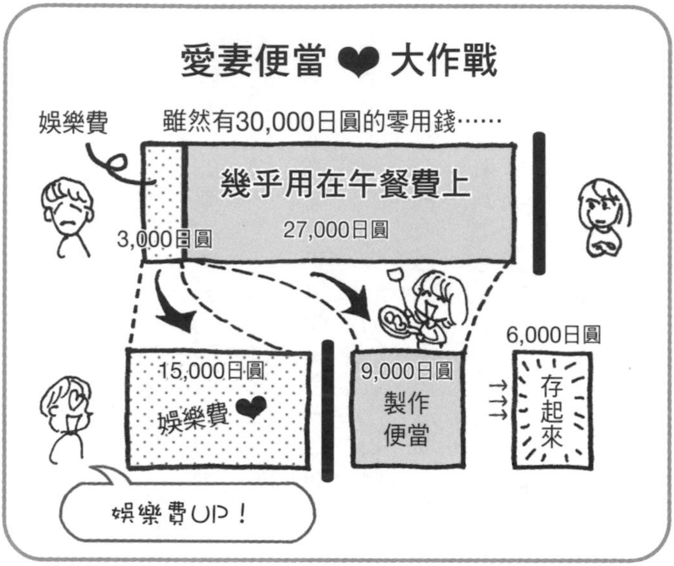

出的支出控制在九千日圓左右，家用預算就會再多出六千日圓。

妻子的努力會反應在存款數字上，這是非常令人愉快的存錢法。

2 爸爸好可靠♥大作戰

如果外食或去遊樂園等全家一起花費的娛樂支出，一向都是由家用預算中撥款支付的話，這個秘技非常實用。

如果說要減少休閒娛樂或外食的次數，孩子和丈夫一定都會抗議。掌管家計的妳當然也不想減少這筆支出，於是腦筋就動到丈夫的

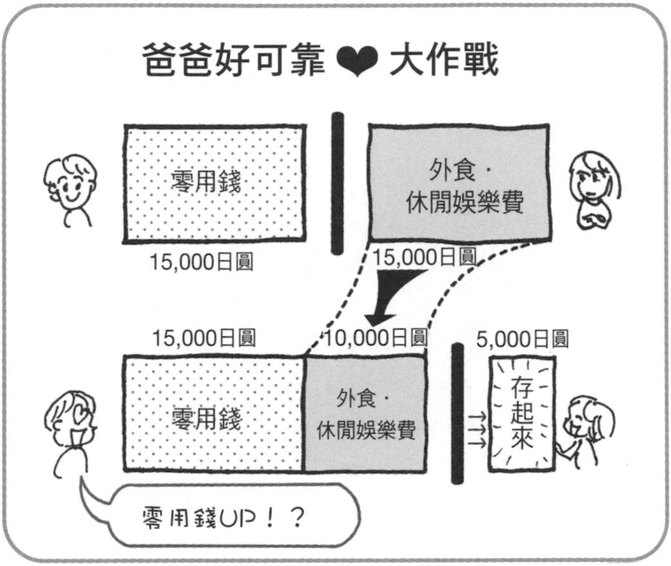

零用錢上面，這時候該怎麼做才好呢？

假設每個月的休閒娛樂費是一五〇〇〇日圓，妳打算省下五千日圓，變成一萬日圓，這時候就將這一萬日圓的預算，全部加進丈夫的零用錢裡面。

「我把每個月的休閒娛樂費一萬日圓，全部交給爸爸了。以後全家去外面吃飯，或是去遊樂園玩，都麻煩爸爸付錢囉！如果有剩下，爸爸可以自由使用。」

這麼做可以讓丈夫產生零用錢變多的錯覺。而且，讓丈夫當著孩子的面付帳，還能提升父親的形象。如此一來，丈夫覺得開心之餘，也會提醒自己不要亂花錢。有時丈夫會想耍帥，雖然說好休閒娛樂費是從多給他的一萬日圓支付，但如果當月的休閒娛樂費超支，他也可能大方地從自己的零用錢支付。

重點在於，**給丈夫在孩子面前展現大方的機會**。

其實，我也試了這一招，但是失敗了。我當初聽到這個方法時，覺得很棒，於是立刻向丈夫提議：「老公，以後給你的零用錢提高兩萬日圓好不好？」丈夫聽了非常開心。可是，當我說完這句話，才發現自己根本沒有計畫好，多出來的兩萬日圓要讓丈夫用在哪裡。這樣的話，只是白白讓他多了兩萬日圓的零用錢。

那天以後，我假裝自己沒說過這些話，後來丈夫一直滿懷期待、不停地問我：「老婆，妳不是說要多給我零用錢嗎？現在到底怎麼樣了？什麼時候要開始幫我加錢？」

現在我終於想到可以讓他支付的名目了！於是對他說：「可以啊，那麼以後跟電腦相關的支出，還有看電影的費用，都由你負責喔！」這樣丈夫應該可以接受吧？

3 誘餌大作戰

最簡單的方法，就是直接將誘餌吊在丈夫面前，誘使他前進。可以用增加零用錢當作誘餌，要丈夫一起為節省家用而努力。

在節目中，有位女性觀眾抱怨，讓丈夫一起節約根本是對牛彈琴。這位女性觀眾的丈夫每天早上都會沖澡、大量用水。希望丈夫不要這麼浪費，卻總是得到相同的答覆：「淋浴是我唯一的放鬆時間，妳不會連這點事也不准我做吧？」因此，每個月的水費都超過兩萬日圓。這位觀眾嘗試了以下的方法。

關鍵在於說話的方式。橫山先生建議這位觀眾這麼對丈夫說：「我想多給你一點零用錢，可是家計有點吃緊，一定要減少其他部分的支出才行。我們家的水費比別人多，如果能減少這部分的支出，省下來的就能給你當零用錢。」結果非常成功。

其實，這位觀眾的丈夫每個月的零用錢只有三萬日圓，這筆錢幾乎都用在午餐和理髮上。橫山先生不忍地說：「您先生好像有點可憐。」所以，這位觀眾也開始反省是否對丈夫太過苛刻。

後來，這位觀眾決定增加丈夫的零用錢。丈夫在零用錢變多之後，對花錢斤斤計較的壓力也減輕了，或許是因為這樣，利用淋浴來抒解壓力的次數也減少了。他能夠將錢用在喜歡的事物上面，於是對妻子滿懷感激。現在兩人會一起出門購物，也會一起討論該節省哪方面的支出。

有了丈夫的協助，才能全面地改善家計。這個作戰非常考驗妻子的包容力，所以又稱為「李代桃僵」之計（編註：三十六計的第十一計，比喻兄弟互相友愛、幫助）。

═橫　山═

錢非常不可思議，**只要改變稱呼，同一筆錢的意義就會截然不同**。

或許有人會覺得，用欺騙丈夫的方式，讓他心甘情願地協助自己一起節約，好像有點陰險。不過，如果妻子對丈夫沒有抱持著尊重與愛情，這些零用錢作戰根本不會成功。

我認為，這世上並沒有真正固執且自私的丈夫，如果丈夫感受到家人對自己的依賴與用心，即使要他減少娛樂支出，只要他能感到幸福，就不會覺得是犧牲。這對夫妻兩人來說都是雙贏，丈夫絕對不是被騙的受害者。

1
2
3
4
5

案例3：老是超支的丈夫，因為太太的投資而開始存錢

═ 伊豫部 ═

橫山先生說，**能存到錢的家庭，夫妻之間都存在著信賴與愛情**。

如果沒有信賴與愛情，妻子就不會投資丈夫。身為妻子，一定會遇到必須投資丈夫的時候。那麼，是什麼時候呢？

只要你能判斷出這個時間點，就能成為建立良好夫妻關係的高手。正因為你信任另一半、愛著另一半，自然而然會察覺到這個時機。

佳世子女士是一位五十二歲的全職家庭主婦。十八年前，佳世子夫妻曾經面臨重大的家庭危機。那時長男剛出生，她為了育兒耗盡心力，而冷落丈夫，不知道從

何時開始，丈夫下班後不再直接返家。

有一天，佳世子女士突然接到銀行的電話，被告知這個月的存款不足，無法進行房貸扣款，讓她突然感到一陣暈眩。原來丈夫下班後沒有馬上回家，而是跑去打小鋼珠，把錢花光了。

佳世子女士說：「那時候，感覺好像被人從背後捅了一刀。」

她對丈夫感到失望，並且開始責備自己，完全沒有察覺到丈夫的心情，打造一個丈夫不願意回來的家。她每天被強烈的罪惡感折磨，丈夫也覺得自己不好，夫妻兩人始終無法敞開心房溝通，這樣彆扭的關係持續了好幾年。

後來有一天，正在做家事的佳世子女士無意間注意到，丈夫目不轉睛地看著照相機的商品目錄。沒來由地，丈夫的表情讓她非常在意。

「他的表情就像孩子盯著想要的玩具一樣。在我的認知中，照相機是很貴的東西，我問他那一台要多少錢，他說大概要十六萬日圓左右。」

確實很貴，但也不至於買不起。於是，佳世子女士脫口問：「想買嗎？」結果丈夫雙眼閃閃發光，非常興奮地反問：「可以買嗎？」

社畜的理財計畫

佳世子女士回想起當時丈夫如孩童般單純的表情，不禁濕了眼眶。

買了相機後，丈夫一到週末就會外出拍照。街景的變化、路旁的花草都是他的拍攝主題。早上搭公車出門，傍晚回家整理照片，有時還會興高采烈地和佳世子女士聊起拍照時的際遇。之後，丈夫為了買新的鏡頭等相機周邊，開始努力地把零用錢存下來。

丈夫出門拍照時，就坐在路邊的公園板凳上，吃著佳世子女士為他準備的飯糰，喝著裝在保溫瓶裡的手泡咖啡。他嘟囔著：「以前覺得這樣很丟臉，根本不會這麼做。」

問他為何想法改變了，他停頓了一下，才說：「因為做了自己喜歡的事。」

最近，佳世子女士的丈夫接下一直很討厭的大樓理事工作，積極地參與公共事務。他將倒垃圾的細則及大樓管理法規，用電腦製作成清晰的表格，貼在公告欄上，連繁瑣的雜務也相當謹慎地完成，大樓的住戶們都銘感於心。

丈夫的生活變得彈性規律，健康狀態也獲得改善。佳世子女士說：「看到他生龍活虎的樣子，我真的非常開心。」

我們採訪時，佳世子女士的丈夫偷偷地從位於客廳角落的梳妝台圓椅中，拿出一個裝滿五百日圓銅板的存錢筒，一臉得意地說：「肯定沒有人想到，我會把私房錢藏在這種地方吧！」

我心想：「不，立刻就會被發現了吧？」我把真心話吞了回去，問他要將這筆錢花在哪裡。他說，想用這筆錢表達對妻子的感謝之意。

日後，我們再次訪問佳世子女士，她將頭髮撩到耳後，上面戴著鑲著小顆寶石的耳環。「他說要感謝我幫他做便當，存到一〇萬日圓的時候，將其中的兩萬日圓給了我，我用這筆錢買了這對耳環。那時候，我真的很開心。」

一位零用錢老是超支、不肯幫忙家計的丈夫，能有如此大的轉變，關鍵在於佳世子女士坦率地表達了自己對丈夫的愛。以愛為名而使用的錢，最後會變成莫大幸福，再次回到自己身上。

後來，夫妻兩人為了能快樂地度過退休生活，認為健康是第一要件，因此開始注意飲食，並且一起運動。

當我見證到金錢對夫妻關係所產生的作用時，更深切體認到，錢真是不可思議的東西。想要變有錢、希望錢變多，卻總是無法如願。然而，只要夫妻雙方的態度稍微改變，有關錢的煩惱就會逐漸好轉；只要稍微改變對金錢的認知，夫妻關係也會跟著改善。

當你的生活方式、生活態度都用金錢來衡量，就會對金錢感到不安。我回顧自己以前的生活，開始深切地反省，與其每天斤斤計較，而變得煩惱苦悶，不如專注在當下，將精力用於認真生活。

案例 4：夫妻分開記帳？看似尊重卻隱藏……

＝橫　山＝

在我看過的眾多家庭案例中，我發現**存不了錢的家庭，多數都是採取夫妻分開記帳**，也就是沒有小孩的雙薪家庭經常使用的家計管理方式。

夫妻分開記帳的家庭中，有一種情況是事先決定兩人的分擔項目，例如：丈夫負責居住費、水電瓦斯費、保險費，妻子負責伙食費、電話費和日用品費。有的家庭是各自負擔一半的家用基本支出，其餘的交際費、娛樂費、醫療費則由個人自己支付。

或許是因為夫妻雙方都希望能自由地使用自己賺的錢，所以才無法同心協力地存錢。

也有人認為，這麼做能尊重彼此的自由，就算家計無法統一，只要能各自存到錢不是也很好嗎？

能存到錢當然很好，但實際上，我幾乎沒聽過夫妻分開記帳而雙方都存到錢的案例。

大部分的情況是，夫妻中至少有一方浪費成性。不只如此，彼此都認為對方有在存錢，可是坦誠相見後，才發現兩人幾乎都沒有在儲蓄，嚴重的話甚至是負債累累。這樣的例子屢見不鮮。分開記帳的夫妻傾向以自己的事情為優先，經常對另一半過度要求。

另一方面，就算夫妻沒有分開記帳，也常常處於「家用支出V.S.丈夫零用錢」的對立狀態。常聽妻子們抱怨：「丈夫總認為我搶了他賺的錢，所以只在意自己的零用錢多寡，完全不關心家庭收支的情況。」夫妻之間就像一種競合關係。

我認為，夫妻能夠同心協力存到錢的關鍵，**首要任務是家計統一**。

因此，**最重要的是夫妻間的溝通**。夫妻應該秉持著信賴，在沒有任何隔閡的狀態下，討論彼此的理財觀。當你們覺得總是存不了錢時，請試著回想，是不是在溝通上出了問題？請務必找出無法存錢的真正原因。

當客戶前來諮詢時，我會先仔細觀察諮詢者夫妻之間是否有嫌隙，並且找出原因。只要多見幾次面，很容易就能看見問題所在。

譬如，妻子對丈夫言聽計從，盡力配合。為了挑嘴的丈夫，她每天洗手做羹湯，看起來儼然是好太太。可是，這樣的家庭通常存不了錢。

為什麼會這樣？大家能想到的原因無非是伙食費過高，但事實上，往往還有很多其他奇怪的理由，譬如：加入過多的保險或完全沒有保險、休閒娛樂費特別多、經常外食等等。

其實，只要夫妻兩人坐下來溝通，自然就會發現支出有問題的項目。上述的家庭，夫妻並非處於對等關係，妻子凡事都聽從丈夫，極力避免和丈夫起衝突，如此一來，夫妻之間的嫌隙就會反映在家計上。

此外，還有丈夫瞧不起妻子、過去曾經因為什麼事而讓妻子不信任丈夫、丈夫要求太高而令妻子感到自卑等各種情況。

結果，存不到錢和理財能力無關，而是夫妻之間的嫌隙在扯後腿。然而，當事人往往無法自行察覺到這一點。

只要夫妻能有所自覺，同心協力，存錢能力一定會大為提升。因此，瞭解另一半的態度非常重要。有沒有這樣的感應能力，將會左右結果好壞。

雖然我強調家計必須統一，但真正需要統一的並非金錢，而是**藉由金錢的統一，讓夫妻雙方的想法、價值觀及力量合而為一**。要達成這個目標，溝通是唯一的手段。

常有客戶向我反映，執行起來很困難。但是，我希望大家無論如何都要做到良好的溝通，夫妻之間如果缺乏信任，就不可能存到錢。

因此，我在這裡推薦兩個容易讓夫妻深入討論的金錢話題。

$ 試著重新檢視保險內容。

$ 試著討論如何開始投資基金。

關鍵是，以討論的方式溝通，而且讓數字說話。

不是訴諸感性，而是以明確的數字進行討論，男人比較容易進入話題。譬如：「我希望能累積我們家的資產，想試試看用五百日圓開始投資基金，你有什麼好的建議嗎？」丈夫在聽到妳這麼說以後，說不定還會主動幫忙蒐集資料。

案例5：跟他一起玩遊戲，開啟家人理財的溝通管道

伊豫部

夫妻明明是彼此最親近的人，卻意外地難以開口討論理財話題。

我平常是個有話直說的人，常常在丈夫耳邊口沫橫飛地說話，但就是不想和他討論有關錢的話題。總覺得要是聊到錢的話題，就必須有深入他內心的覺悟，事後好像會變得很麻煩。

其實，目白大學心理學研究所的心理學專家澀谷昌三教授曾說過，就心理學而言，金錢的話題是最高境界的自我剖析。

換句話說，要與他人談論自己對於金錢的看法或價值觀，等於是將自己整個人攤開在對方面前，無所遁形。

因此，我在這裡向各位妻子們介紹澀谷昌三所傳授的，讓丈夫敞開心房的心理學秘技。

這個方法就是「共同行動」，意指**共同完成一項課題或作業**，譬如：兩人保持一公尺左右的距離，然後朝著相同的方向前進。據說，這麼做就能讓兩人產生同伴般的團結力量，就算不用交談，也理解對方的想法。

實踐過「看吧看吧大作戰」的主婦美雪女士，兩年後再度面臨家計問題。雖然夫妻間平常很有話聊，但是美雪女士對於外出工作、賺錢養家的丈夫，實在很難開口說要減少他的零用錢。

於是，美雪女士接受澀谷教授的建議，嘗試共同行動的方法。一直以來，她就算跟沉迷於遊戲的丈夫說話，也都只能得到敷衍的回應。這一次，她只是試著坐在正在玩遊戲的丈夫身邊，沒有和他交談，而是一起看著遊戲螢幕。幾分鐘後，美雪女士偶然吐出一句自言自語，很神奇地，丈夫竟然給了回應。於是，兩人開始交談，最後成功地討論到財務話題。

美雪女士對共同行動的效果，感到相當驚訝且興奮。她說自從那次之後，因為金錢問題而顯得緊張的夫妻關係，也漸漸朝著好的方向發展。

消除心中嫌隙的共同行動，讓夫妻之間不再互相推諉責任，並且坦然地面對彼此。美雪女士說，這個方法讓她重新體認到夫妻溝通的重要性。

關於共同行動的實際執行方式還有很多，本書將澀谷教授推薦的方式寫在第215頁。據說，這些都是澀谷教授平常也會使用的方法。

順帶一提，這個方法也可以實踐在平日的遣詞用句上。像是「我們一起○○吧」、「我想試試看○○呢」，語氣中帶有「讓我們一起實現未來夢想」的涵義，效果會更好。

兩人管理共同的錢包
※ 也就是家用錢包。
觀賞相同的電視節目
※ 不要中途離席、兩人並肩坐著。
神奇的存錢秘技！
夫妻的
共同行動
與共同的夫妻友人聚餐
※ 心理上會感覺到「我們是一體的」。
夫妻兩人一起喝茶
※ 不要一邊看電視、閱讀報紙或雜誌。

案例6：為何妻子用自己的零用錢買瓶紅酒，卻獲得4倍回報？

伊豫部

對於協助本節目製作、為家計煩惱的主婦們，橫山先生總是建議：「讓妳的老公去買東西吧！」

讓另一半實際到超市購物，他們才會知道市場的物價、一日三餐所需的食材需要多少錢、如何在預算內買齊所需的東西等。這麼做能讓他們實際感受到掌管家計的困難之處。

「丈夫幫忙買東西時，或許偶爾會不小心買到較昂貴的商品，但這時千萬不要抱怨，請稍微誇張地傳達妳的感謝之意。如此一來，不但丈夫之後會更願意幫忙，說不定他還會為了家人，慷慨地從自己的口袋中掏錢出來。」

我在旁邊聽了，覺得很有道理。後來我才知道，原來這是博美女士實際用過的方法。

其實在橫山家，妻子博美女士才是老大。為什麼我們會知道這件事呢？因為我們瞞著橫山先生，偷偷在橫山家的客廳冰箱上面設置了一台攝影機。

架設攝影機的目的，是想聽聽橫山家人之間的理財話題，開關則交由博美女士負責操控。實際播放影像後，我們見識到橫山家真實生活的另一面。

某天的影像中，先是出現了橫山先生跑腿回來的身影。

博美女士：「啊，你回來了啊！謝謝，你幫了大忙。這樣就可以準備明天的便當了。」

橫山先生：「不會不會，今天比想像中還便宜呢！」

博美女士：「哎！雞腿呢？」

橫山先生：「沒買到，這個也可以吧？」

博美女士：「這是豬肉吧？也可以啦，謝謝你。」

橫山先生：「我搞錯了。」
博美女士：「沒關係。明天就幫四妹帶豬肉便當吧！啊，你買了納豆啊，真的幫了大忙，謝謝你，還有竹輪，都是我想買的，太好了。」
橫山先生：「嗯，沒什麼事的話，我先去洗澡了。」
博美女士：「謝謝你。」

在這段對話中，博美女士說了好幾次「謝謝」，各位不覺得博美女士很了不起嗎？

明明拜託橫山先生買雞腿，他卻買成豬肉。看著影像中博美女士的表情，或許會猜想她現在是不是正火冒三丈，但無論如何，她還是不斷地向橫山先生道謝。面對這樣的博美女士，橫山先生顯然在心裡想著「糟了」，但下次肯定還是會主動幫忙家務。

還有一次，橫山家全家一起出門購物，回來後，他們將採購的東西全部攤開在桌上。

似乎是橫山先生用自己的零用錢，幫一歲的長男買了襯衫，博美女士一直道謝，然後慢條斯理地從購物袋中拿出一瓶紅酒，說：「這是送你的禮物，謝謝你幫我買這麼多東西。」

橫山先生只不過出了幾次錢，博美女士就突然買了丈夫喜歡的紅酒作為回禮，表達感謝之意，果然不是省油的燈。

「哇！我真的可以收下嗎？」橫山先生的表情難掩喜悅。

博美女士只簡短地回答一句：「只有這次而已，因為我的零用錢不多。」為了報答丈夫的協助，她願意減少自己的享樂，從自己的零用錢裡掏錢買禮物，這樣的舉動讓我們印象深刻。

某天晚上，橫山先生用過晚餐後，開心地享用那瓶紅酒。

「這瓶酒很貴嗎？」「很貴呢！」「因為是妳特地為我買的，所以喝起來特別美味。」

然後，夫妻兩人不知不覺開始討論，是否要買鐵道模型的玩具給當時一歲的長男。從對話中可以聽出，博美女士不打算從家用預算或自己的零用錢中，出錢給兒子買玩具。

橫山先生問：「媽媽，妳有這筆預算嗎？」博美女士很乾脆地回答：「沒有！」

「沒有嗎？可是我想買給他。」

後來，橫山先生好像突然想到什麼，對博美女士說：「啊，有了！我有紅利點數抵換的現金。」

橫山先生隨即從自己的零用錢中拿出兩萬日圓，交給博美女士，讓她幫兒子買五千日圓的鐵道模型玩具。

「那個玩具沒多少錢，不用拿這麼多啦！我真的可以收下嗎？謝謝你，真的可以收下這麼多錢嗎？好吧，我會好好用這筆錢。集點也很辛苦吧！」在一番推辭下，博美女士終於收下錢。

「不會啦，這酒真的很好喝。」在燈光映照下，玻璃杯上反射出橫山先生滿是喜悅的側臉。

可以說，博美女士用一瓶紅酒，換得四倍的回報。

橫山先生之所以會心甘情願地為家庭貢獻，全都要歸功於博美女士背後所花的巧思。

雖然看似博美女士把橫山先生玩弄於股掌之間，不過事實並非如此。正因為博美女士懂得對丈夫表達自己的愛情與信任，橫山先生才會願意為了家人的幸福而使用金錢。

橫山先生曾說，自己不會因為金錢而感到不安。不過，我知道是什麼支持著他度過如此幸福快樂的人生。

案例7：讓孩子參加每個月的家庭財務會議，竟然……

橫山家有個慣例，就是每個月會召開一次「家庭財務會議」，並且規定全家都要參與。

我們採訪時，以高三長女為首的六名孩子、博美女士，加上橫山先生，全員針對家用支出的每張收據，逐一進行檢討。

順帶一提，橫山家的冰箱上貼著三個不同顏色的小竹籃，黃色的代表消費、水藍色的是投資，粉紅色的則是浪費。平常購物之後，他們會立刻將收據分類，並且投入所屬的竹籃裡。召開財務會議時，會重新檢視收據的分類是否正確。

首先，博美女士對自己在百圓商店買的數獨遊戲提出異議：「這是媽媽買數獨的收據。其實不買也沒關係，而且我也沒時間玩。這應該算是浪費，不能從家用預算裡支出，對吧？」

孩子們也七嘴八舌地表達自己的意見：「媽媽是因為自己想玩才買的吧！」「沒有玩就是浪費喔！」「只有媽媽可以拿家用金買自己喜歡的東西，太狡猾了。」

最後，博美女士坦然地說：「那麼，這筆支出就從媽媽的零用錢裡補回來。」最終的裁決是，這筆支出不能從家用金中支出。孩子們還有類似「家裡有兩罐泡菜，買太多了」的發言，意外地嚴格。

其實，這是橫山家司空見慣的場景。接下來，橫山先生會問大家：「這個月有其他特別的支出嗎？」

這麼問的目的，是想知道除了日常的伙食費及日用品費，還需要編列多少家用預算。

「我要買上學的定期車票」、「我的球鞋壞了」、「可以買衣服嗎」、「補習班上課一天就會用掉十頁的筆記，我想多買一些筆記本備用」。

就算平常提出要買的東西，也有被忘記或忽略的風險，像這樣在討論財務的場合中提出，立刻就能撥出款項。不僅如此，這麼做還能讓孩子們知道，家裡的錢都用在哪裡、分別用了多少錢。

橫山家的規矩是，如果有需要或想要的東西，都必須在家庭會議中提出。因此，有時候也會根據全家討論出來的優先順序，駁回某些支出的提案。

這時，博美女士丟出一項議題：「孩子們說幫爸爸按摩很累，希望能買一台按摩機。」

對橫山先生而言，讓可愛的女兒們幫自己按摩是最棒的抒壓方式，因此他聽到這個提案時，似乎有點受到打擊。橫山先生以眼角餘光看著熱烈討論的女兒們：「如果機器能滿足爸爸的需求，我希望可以買按摩機。」「買了卻用不到的東西最討厭了，所以最好可以全身按摩。」「可是那個很貴呢！」「這樣二妹的入學考費用可能會不夠。」「那可不行。」

最後，按摩機的提案只能暫時擱置，橫山先生偷偷地朝攝影機比了勝利的手勢。

現場的電視台人員完全不敢相信自己的耳朵，沒想到這樣的發言居然是出自小孩之口。真是一群很有金錢觀的孩子！

橫山家的女兒們都清楚地知道家中有多少存款，以及橫山先生每個月有多少收入。而且，每個人都擁有優秀的判斷能力，知道什麼是對自己與家人最好的用錢方式。

這真是讓人敬佩的家庭財務會議。我最感到驚訝的是，這樣的會議每個月固定召開一次，包括所有孩子在內，全家人都必須出席。比起和朋友的約會或玩樂，孩子們把這個會議擺在優先順位。橫山先生也會在這天迅速地完成工作，早早回家開會。

我想，能讓橫山先生對錢財運用充滿自信的，並非這個會議本身，而是家庭這個強而有力的後盾。

存錢筆記

❶將家計簿放在全家人都看得到的地方，讓家人同心協力、共同理財。

❷妻子只要願意付出努力，就能讓丈夫願意自動減少零用錢、共同節約。

❸大方地投資另一半，不但能夠順利存錢，還能讓夫妻感情加溫。

❹藉由家計的統一，讓夫妻雙方的想法、價值觀及力量合而為一。成功的關鍵在於溝通。

❺召開家庭財務會議，讓全家人都能掌握家庭的金錢流向。

編輯部整理

NOTE

-WEALTH-

第5章

有錢人想的跟你不一樣，因為他們……

錢再多也不會給你安全感，幸福才會

伊豫部

人們之所以想成為有錢人，無非是希望能夠獲得幸福。最容易引起我們共鳴的不幸案例是：年紀大了之後無法繼續工作、沒有穩定的收入，生活因此變得困苦。

常聽到有人說：「養老金至少要兩千萬日圓」、「不，要五千萬日圓才夠」、「不對不對，沒有一億日圓是不行的，我才存到五千萬，還差得遠呢！」為什麼大家能夠如此斷言呢？真的非常不可思議。我們無法預知自己的壽命，就算存到一億日圓，會感到不安的人還是會感到不安。

我是一個沒有小孩的貧窮自由業工作者，有時也會陷入不安的思考泥淖，對人生充滿絕望。所以，我才會向橫山先生求助：「我想消除對金錢的不安，我想要有安全感！」

橫山先生總是面帶笑容，個性樂觀且腳踏實地，對錢財從來不會感到任何焦慮。我以為他會溫柔地安慰我，沒想到卻得到一句意外的答覆：「向金錢尋求安全感是不行的。想讓不安消失，關鍵不在於錢，而是在於珍惜自己。」

什麼？人們追求金錢，不就是為了消弭不安嗎？

橫山先生相信，只要確立穩定的生活習慣以及儲蓄方式，金錢的任何問題都能迎刃而解。有不少人會因為不安而存錢，存到錢後卻又更加不安、想存更多錢。但另一方面，也有人即便生活不富裕，仍然過得很快樂。所以，渴望藉由擁有金錢來消弭不安，這是毫無意義的。

如果能夠確立自己的價值觀，不管遭遇什麼困境都能勇敢面對。只要有這樣的信念，不安便不復存在。

我現在也採行橫山先生的方法，確實地掌握自己的金錢用途，過去那種莫名的憂慮於是逐漸減少。

比起具體存在的物質，金錢更接近於抽象的存在，它的意義會隨著價值觀而改變。因此，對每個人而言，同樣的金額在腦中呈現的價值都不一樣。

當你對金錢抱持不安，就會被不安的情緒所箝制，進而迷失方向。所以，最重要的是**堅定自己的生活態度，腳踏實地、按部就班地向前邁進**。

橫山先生經常說：「不要為了錢的事而哭泣」、「你的生活中應該有比錢更重要的事吧？」我想他的意思是，對金錢的態度反映了自己選擇的人生。

換句話說，之所以對錢感到不安，並非因為金錢本身，而是內心對於財務狀況反映的現況感到惶恐。

橫山先生拜訪客戶時，都會先觀察對方家庭的玄關和冰箱。玄關在進門後第一眼就能看到，而看冰箱則必須知會主人。只要觀察這些地方，即可得知這個家庭的女主人，是不是能夠存到錢的類型。

玄關中，堆放裝滿寶特瓶的紙箱，還有散落一地的鞋子，讓人誤以為家庭人口眾多。冰箱的深處，可以找到貼著半價標籤但已經過期的肉、網購的高級食材，以及知名品牌的調味料。家庭的金錢價值觀，會直接反映在住屋呈現的樣貌上。

舉例來說，堅持只買有機蔬菜或嚴選產地食材的人，與只願意購買保障型保險的人，有個共通點，就是必須購買品質優良的商品才會感到安心。從某種角度來說，也可以說他們非常缺乏自信。

手機通話費高的人，通常對周遭的人依賴心較強。他們容易在交際費或治裝費上超支，而且有著永遠還不完的負債。

對未來感到莫名的不安，其實就是對與自己共度人生的家人沒有安全感。努力生活在當下的自己，卻無法獲得親密家人的支持與認同，這樣的寂寞情緒可能化為不安，蟄伏在你的內心深處。這股不安會表現在你的用錢態度上，當你的心思全部都被金錢所填滿，便無法察覺不安的本質。

橫山先生說：「大家時常感到焦慮。因為收入太低、有孩子、沒有孩子、不曉得能不能領到退休金或年金……。總之，因為各式各樣的原因，大家開始追著錢跑。結果，投資了高風險商品，反而讓資產銳減。其實，只要珍惜當下的自己，思考自己能力所及的事，再穩健地踏出腳步就行了。」

希望消弭心中的不安，第一步先從眼睛看得到的地方著手改變。

例如：丟掉用不到的物品，把家裡整理乾淨；用心準備營養均衡的三餐，不用太豐盛也沒關係；不要憑感覺購物，就算是再便宜的東西，也要經過考慮再買，並且確實地物盡其用。

時常檢視自己，是否好好地珍惜與家人之間的關係？是否確實地完成自己應盡的工作？這些才是生活的根本。對每天的生活感到充實且滿足，你需要的金錢自然會降臨到你身邊。

把儲蓄當成自己生活的一部分，找到適合自己的儲蓄方法，不安便會自然消失。「消、浪、投」就是協助你達成這個目標的絕佳武器。

過去，每當我對錢財感到不安時，就會用「沒有錢也可以很幸福」來自我欺騙。我現在才知道，一直認為沒有錢就不可能獲得幸福的自己，其實是對金錢抱持著過高的期待，將自己的重要性置於金錢之後。

錢財的多寡與安全感無關。瞭解這個道理之後，心裡反而變得輕鬆了。

從失敗的浪費經驗，誠實面對自己的空隙

伊豫部

找到適合自己的儲蓄方法後，便能夠依據自己的價值觀，進行正確的判斷。

如果你是能夠下意識做出正確判斷的人，當然沒有任何問題。但假如你不是直覺特別敏銳的人，應該要隨時提醒自己，不要下意識地決定、購物或是行動。**下意識的行為，會讓你的心靈產生空隙**。

社會新聞上充斥著各種匯款詐欺，或是各種可疑的儲蓄型金融商品。應該有不少人認為，自己絕對不會被那種拙劣的詐騙手法所騙吧。我自己也這麼想。不過，也有人說，越是有這種自信的人越容易被騙。

我們來做個有趣的心理測驗吧！

這個心理測驗，是我的同事在做詐欺新聞取材時找到的資料。實驗製作者是一位美國學者，我稍微修改過一些細節，但是內容大致不變。

「你是否容易上當受騙？」請各位測試看看。

某天，男人在夜裡開著車。就在剛才，已經過世五年的父親友人打電話過來，說是有一件父親生前遺留下來的物事，請他前去拿取。

然而，不知是因為焦慮還是什麼原因，男人踩錯了油門，隨即發生車禍意外。路人趕緊叫救護車，將命在旦夕的男人送到醫院。

醫院匆忙地接收這名男性傷患，情況很危急，必須馬上動手術。可是，當天值班的醫生看了男人一眼，卻說：「我不能幫他動手術。因為，他是我兒子。」

看完這個故事，各位想到的是什麼？

「咦？不對啊？他的父親不是已經死了？」

這麼想的人屬於容易受騙上當的類型。個性冷靜、不容易受騙的人，不會被先入為主的觀念影響，擅自認定醫生一定是男性，所以他們會這麼想：「這位醫生是男人的母親吧！」

這個心理測驗的重點在於，人們很容易被「醫生＝男性」的先入為主觀念所侷限。就算不是詐欺，現代社會也充斥太多「迫使人購買」、「迫使人投資」的資訊。一旦腦袋放空、無意識地隨波逐流，或是被不安情緒所驅使，人們很容易失去冷靜與理性的判斷能力，這就是人類的天性。

我現在的心靈空隙，似乎與抗老化有關。

與人交談時，我總會感嘆地說：「唉，年紀大了！」旁人一聽到我這麼說，一定會回答：「沒這回事，伊豫部小姐還很年輕呢！」但是後來，連這樣的客套話也越來越少聽到，難道我真的已經到達那樣的年紀了嗎!?

前幾天，我一面說服自己「這是在投資」，一面將滑鼠游標點進網路商店。當時闖進我視線的，是一瓶要價二七〇〇〇日圓的眼霜，讓我完全進入了瘋狂購物狀態。不只如此，我之前逛百貨公司時，發現一個從未聽過的品牌專櫃，我下意識地坐到專櫃前面，失心瘋地買下寫著「超自然肌」廣告文宣的粉底液和隔離霜，花費一萬六〇〇〇日圓。僅管我當時正在使用的「超強遮瑕」粉底液，還剩下超過半瓶。

在那之後又過了半個月，我在亞馬遜網站上買了一本評價很好的肌膚保養書，花費一四〇〇日圓。這本書不斷強調：「擦拭基礎保養品和化妝品，可能讓肌膚老得更快！」內容的論述充滿了說服力，讓我深信不疑。於是，我將所有的高級保養品、化妝品通通打入冷宮，現在完全不化妝，並只用清水洗臉。

我含淚看著這幾個禮拜的支出發票，彷彿看著鈔票的屍體，不斷責備著自己的衝動。

好不容易下定決心要堅守自我價值觀，卻因為一個疏忽而前功盡棄，還下意識地說服自己「這是在投資」，我真是個糟糕的傢伙。

我的心靈空隙完全被不安所滲透，導致胡亂花錢的失敗結局。我不知道該如何是好，只好再次求助於橫山先生，他卻給了我意外的答案：「已經浪費了也沒辦法，也只能算了。最重要的是有所自覺，不用想得那麼複雜。」

人不可能永遠都那麼堅強。所以，只要能從累積的失敗經驗當中，知道自己在什麼情況下會做出後悔的失控行為，這樣就可以了。

但是，**絕對不能對失敗視而不見，一定要坦然接受**。這也是我想對自己說的話。以長遠的眼光來看，失敗的經驗也算是一種投資。

以「消、浪、投」的方法為武器，丟掉得過且過的心態，依循自己的價值觀決定金錢的用途。萬一失敗，就坦然接受事實，記取失敗的經驗。重複這樣的過程，便可以找到適合自己的儲蓄方式。我也得好好努力才行。

馬斯洛需求層次金字塔，看懂你的渴望

伊豫部

想知道自己的弱點，可以參考「需求金字塔」，也就是廣告業界的初級理論「馬斯洛需求層次理論」（Maslow's Hierarchy of Needs）。

人類的需求分為五個層次，每當一個層次的需求獲得滿足，就會追求更高層次的需求，並在這個過程中，逐漸從低層次的需求中解放，不再受到束縛。

只要知道自己處於哪個需求層次，就可以確切掌握自己真正的渴望，同時也會知道，這個需求就是自己的弱點。

位於金字塔最底層的是「生理需求」，也就是食欲、睡眠、性欲等基本需求。

當這些需求獲得滿足，就會追求更高層次的「安全需求」，想要所有可以保障人身安全的東西，譬如：房子、衣服、金錢、健康等。這個層次的需求獲得滿足後，會更進一步追求「社交需求」，想要成為團體中的一份子、想要同伴。以上三個層次，都屬於外在的需求。

接下來是「尊重需求」，渴望被認同、表揚、尊重。從這個層次開始，屬於內在的需求。隨著心靈的成長，人的需求對象會從外在的「他人」，轉變為內在的「自我」。

位在金字塔最高層的是「自我實現需求」，希望自己的能力可以最大極限地發揮出來、想要成為理想中的自己。此時的自我實現，已經不再是為了被認同和表揚而表現自己，而是純粹地渴望表現自我。

停留在生理需求的人應該很少。在這個層次，只要買了便宜、超值的商品就會覺得心滿意足。當生理需求獲得滿足，就會提升至安全需求層次，這時會嚴格要求商品的品質。

在社會需求層次，會想擁有名牌商品或流行商品。在尊重需求層次，會追求能夠展現個人特色的特製商品或稀有商品。

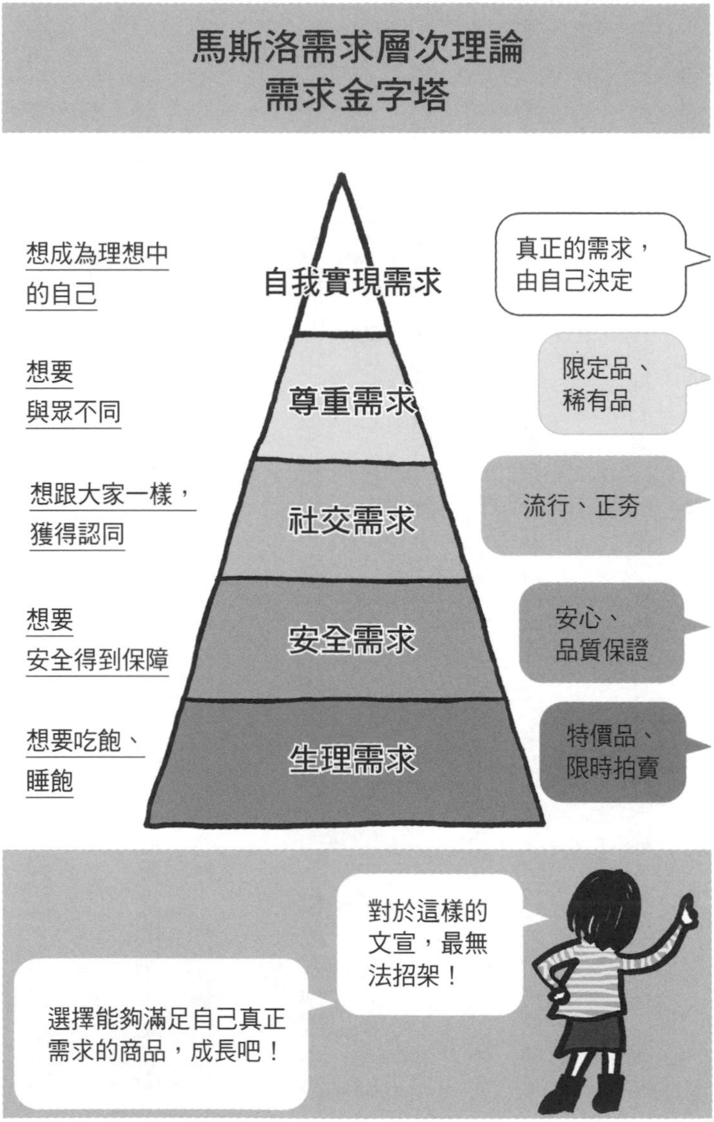
馬斯洛需求層次理論
需求金字塔
想成為理想中的自己
自我實現需求
真正的需求，由自己決定
想要與眾不同
尊重需求
限定品、稀有品
想跟大家一樣，獲得認同
社交需求
流行、正夯
想要安全得到保障
安全需求
安心、品質保證
想要吃飽、睡飽
生理需求
特價品、限時拍賣
對於這樣的文宣，最無法招架！
選擇能夠滿足自己真正需求的商品，成長吧！

到了最後的自我實現需求層次，只會購買真正需要的商品，並且慢慢捨棄不必要的東西。抵達最高層次之前，必須按部就班地滿足每個層次的需求。

我只要看到冰淇淋就會出現消費衝動，看來我應該是位於社交需求層次吧。處於這個層次時，對於「買了就會讓周遭的人羨慕」、「看起來好像年輕五歲」等廣告文宣毫無招架之力。都這把年紀了還是毫無長進，真是難為情。

現在我或許無法馬上改變，但希望有一天，自己能夠不再被欲望牽著鼻子走，為了達到這個目標，一定要讓自己的心靈有所成長才行。如果心靈沒有成長，即便希望透過追求金錢來獲得安全感，也沒有任何意義。

過去失去的錢無法挽回，唯有把握現在最重要

伊豫部

沒有人能保證人生絕對不會遭遇重大危機，像是突然被裁員、受傷、生病、遭逢天災，以及面臨龐大債務等。這種時候我們需要的，是橫山先生時常掛在嘴邊的「接受現實的精神」。

節目曾經採訪過的熊野宏昭教授，任職於早稻田大學人類科學院，致力於認知行為療法的研究。他在節目中做了一個實驗，用意是調查人們的壓力認知程度、抗壓程度，以及認識現況後會有什麼反應。

實驗的情況如下：

受試者將手放進裝滿冰水的洗臉盆。受不了冰冷的人都把手抽回來，但有的受試者強忍著低溫。各位覺得，能夠在冰水中忍耐最長時間的受試者，在實驗期間都在想著什麼呢？

①自我欺騙，對自己說水一點都不冷。
↓「沒問題的！水一點也不冷、完全不冷！」
②想開心的事，轉移注意力。
↓「明天要去看電影，然後大啖美食！」
③接受現實，承認水真的很冷。
↓「好冷喔！因為是零度以下的冰水嘛。啊，手開始痛了。」

答案是③。能夠長時間在冰水中忍耐的人，會正確地認識現實，並且坦然接受。

我在前文中提過，幾年前，當我發現丈夫負債時，突然覺得人生陷入一片黑暗。丈夫當時沒有考慮太多，就使用信用卡預借現金，進行分期付款，等到發現時，負債數字已經膨脹了好幾倍。這麼愚蠢的事，竟然發生在最憎惡借錢的我身邊！

一開始，我非常想逃離現實，也曾想過要離婚，或是乾脆裝作不知情，讓他自生自滅。以前面的實驗來說，就是答案的①或②，兩者的結果都是對現實視而不見。既沒有愛情，也不存在信賴關係。

但那時候，在我氣到睡著、隔天醒來後，只覺得身心俱疲，也忘記生氣。我嘆了一口氣，下意識地開始計算當下需要的金額，把握當時的現狀。

我將所有的借款、未繳的稅金，以及所需的家用支出全部合計，一共需要四三〇萬日圓才能填補缺口。當我試著面對這個數字時，很不可思議地，腦袋竟然突然冷靜下來，而且充滿鬥志。

沒錯，承認自己的貧窮吧！為了對得起上天，我要開始過著符合自己現況的認真生活，這也是我的義務。

五年後的今天，問題總算解決了。雖然只是無意識的行為，但我很慶幸當時算出了實際面臨的債務數字。

現在回首過去，多虧當時抱持著積極面對的態度，那段還債的日子才沒有覺得太過辛苦。最後，我們夫妻共同攜手度過難關，這才擁有今天的自信。

根據橫山先生的經驗法則，「總有辦法的」、「順其自然就好」這種逃避問題的想法，正是解決問題的最大阻力。

高收入、單身或是手頭有點寬裕的人，常常會有這樣的想法，因而大幅提高失敗率。這種人常進行多餘的消費，譬如：堅持購買高價的嚴選食材、買一堆不必要的保險、讓孩子念私立學校，或是購買高級進口車等等。因為收入高，所以不會意識到這些行為是奢侈浪費。每次橫山先生看到這樣的人，都會感到無限憤慨。

總之，在面臨危機時，請各位**把握眼前已經發生的問題，坦然地接受面對**。

不懂花錢就賺不到錢，越會花錢的人越有錢

＝伊豫部＝

在節目的取材階段，我買了許多理財書籍，常常在書中看到這句話：「不懂得花錢，就賺不到錢。」

真的是這樣嗎？錢不是會越花越少嗎？說出這種話的人，如果不小心害別人因此失敗了，能夠負起責任嗎？

不過，我現在倒是能夠稍微同意這個說法。以「消、浪、投」的觀點來看，大概是指：「只要投資順利，便能聰明地花錢並且賺到錢。」

＝橫　山＝

「不懂得花錢，就賺不到錢。」說起來很簡單，但實際要花錢時，大家還是會猶豫不決。尤其是將用途歸類於投資後，更難出手花這筆錢。

其實，在我和錢完全無緣的時期，也曾聽別人說過「越會花錢的人越有錢」，當時我覺得這簡直是胡說八道。可是，在累積各式各樣的經驗之後，我才體悟到這句話的真實性。

那麼，越花錢越有錢的方法到底是什麼？

首先，請這麼想：**我之所以花錢，是為了讓自己和重視的人開心**。你或許會覺得自己又不是大聖人，但不必把範圍拉得太廣，只要想想身邊的人，就能夠輕易辦到。

譬如，有沒有想和另一半一起做的事？以我自身為例，因為工作的關係，和家人好好相處的時間越來越少。所以，只要是能和家人共度時光的事，花再多錢我都不會猶豫。

我們經常全家一起出門吃飯，這是我最喜歡的花錢方式之一。我平常工作很累，回家後不怎麼喜歡說話。可是，和家人在外面吃飯時，我會扮演主導說話的角色，與孩子們盡情聊天。

雖然這麼做不會讓我立刻賺到錢，但是透過和孩子們的談話，我能夠學習到各式各樣的思考方式，也能與家人交流情感。

孩子們雖然不擅長唸書，但每個人都身體健康、朝氣蓬勃。不論是每天健康快樂地生活，或是培養擅長聆聽的能力，這些對孩子們的未來肯定都會有所幫助。

而且，讓孩子們看到「支付餐費」這個行為也很重要。透過這個行為，建立孩子們的金錢價值觀，讓他們知道，當我們接受某件事物或服務時，一定要支付金錢，為此我們必須努力賺錢。

我的六個孩子中，有兩個念大學和高中的女兒，我讓他們在不影響學業的前提下打工。如此一來，他們就能買自己想買的東西，也會珍惜賺來的每一分錢。

在工作場合也一樣，大家只要一有空閒，聚在一起聊天的話題通常都跟業績無關，而是討論應該怎麼有效運用金錢。

當你不知道應該將錢用在哪裡時，可以回歸到最初的原點：使用在重要的人身上。以職場來說，重要的人就是客戶，何不把錢用在取悅客戶上？

前幾天我看到一本相當感人的繪本，便一口氣買了二十本，分別送給家中有適齡孩子的客戶。我每個月會自掏腰包，買書送給對我的著作有興趣的客戶。此外，我也會買省水蓮蓬頭、ＬＥＤ燈泡等送給需要的客戶。這些都是小東西，不過合計起來並不是小錢。

但是，下次和客戶見面時，就可以詢問他們閱讀或使用過後的感想，以我的工作性質而言，這是非常有價值的投資。

以上是我自身的例子。總之，從「為身邊的人帶來笑容」出發，便能找到正確的用錢方式。

此外，我之前也提過，**現在是需要運用金融工具進行投資理財的時代**。

不過，我並非要各位一窩蜂地跟隨流行，扭曲自我價值觀，購買投機性質的金融商品。投資不是為了賺錢，而是為了預防資產縮水。未來是個變動劇烈的時代，過去的常識很可能不再管用，因此一定要做好投資規劃。

或許你會認為：「這樣的話，投資不是更危險嗎？」但正因如此，要降低變動的風險，更需要學會妥善運用資金，進行資產管理。

如果儲蓄是「防守」，投資就是「攻擊」。希望各位能夠為擴大防守範圍，積極地進攻。

話雖如此，「攻擊」未必是購買金融投資商品。我們沒有必要隨時關注通貨膨脹、通貨緊縮、股市指數漲跌、債券漲跌、日圓升貶等問題，只要在自己的能力範圍內，採取相符的攻勢即可。

譬如，管理家計就是你能力範圍內的攻擊。有人會憑藉著氣勢大幅改變自己的用錢方式，不過我並不是這個意思。

相反地，我希望大家確實地掌握自己的生活型態、理財方法以及價值觀，從手邊能做的事情開始，確實地踏出第一步。就算是再小的事情都沒關係，只要能改變金錢對自己的意義，就是「轉守為攻」的正確作為。

別壓抑慾望，否則只會讓心靈更貧窮

伊豫部

實踐橫山式理財方法，並且接受本節目採訪的觀眾中，讓我印象最深刻的是當時三十九歲的直美女士。直美女士每天過著充實的生活，對於未來總是抱持著積極正面的態度。

與丈夫兩人一起生活的直美女士，以前在保險公司上班，收入很高，所以花錢時總是不會考慮太多。可是有一天，某個事件喚起了她心中的不安。

直美女士發現自己生病了，因此辭去工作，專心接受治療。然而，不好的事情總是接二連三地發生。在她生病前，夫妻倆都有收入，所以決定蓋一幢屬於自己的房子，但她發病的時間點，正好是動土儀式舉行完畢，準備開工的日子。

「那時的我真的非常不安。因為收入減少，醫療費又花了不少錢，就算治療結束，也不曉得這副身體能不能繼續工作。蓋房子當然是好事，就怕可能蓋不成。當初建造自己的房子，本來是想把父母接過來住，我現在這樣，反而要麻煩他們照顧我。而且，當時住的公寓也已經簽好搬出契約，如果房子蓋不成，最慘的情況還可能無家可歸。」

回顧過去的生活，直美女士才發現自己從未檢視過金錢的流向。在生病之前，她過著隨心所欲的生活，想要什麼就買什麼，完全沒有所謂的金錢概念。可是，辭職後收入減少，加上龐大醫療費的雙重打擊，她才迷迷糊糊地意識到必須開始節約。

直美女士每天在心裡吶喊著：「沒錢了，該怎麼辦？」杜絕一切的奢侈浪費、拚命壓抑享樂的欲望，連偶爾想出去吃個飯，也會感受到罪惡感的強力譴責。

「貧窮應該是指沒有錢，可是我好像連心靈也變得貧窮了。」所以，直美女士才會找上橫山先生。

首先，為了掌握收支狀況，直美女士開始記帳。她這時才發現，一個月的家用額度明明只有二〇萬日圓，但每個月的支出合計多達二十六萬日圓，等於有六萬日圓的赤字。

這就是直美女士改變的起跑點。很不可思議地，她一直以來都在心裡吶喊著「沒錢」，不管做什麼都無法稍微緩解不安的情緒，卻在正視現實之後，她看見敵人的位置，瞭解敵人有多麼強大，不安的情緒化為了動力。

直美女士面臨的確實是一個難以對付的大敵，但是她已經下定決心，不再逃避、勇敢面對。

可是，她應該如何迎戰？

橫山先生建議她，將每項家用支出項目放在天秤上衡量：「應該削減伙食費還是手機通話費？就從減少也不會覺得痛苦的項目開始削減吧！」這是直美女士第一次意識到自己的金錢價值觀。

她和丈夫商量過後，兩人一致同意健康的重要性，希望能夠考慮到每天三餐的營養均衡。因此，與其刪減伙食費，不如減少通話費。

直美女士說自己整天待在家裡，可以使用電腦，所以不需要手機的簡訊功能，手機只要能通話就好。於是，她和丈夫一起擬定計畫並檢討過後，將原本兩萬日圓的通話費縮減成一萬日圓的方案。

伙食是他們不願意將就的項目，但相對地，在煮飯時比較重視營養均衡，並且將一切外食視為浪費。同住的雙親也會提供自己栽種的蔬菜，因此減輕了不少負擔。此外，她謹慎地計算加油費和日用品費等支出，好不容易才填補起六萬日圓的赤字。

之後，直美女士開始思考投資的意義。

不久前，她發現香氣有助於提振心情和消除疲勞，進而產生興趣。於是，她狠下心來，每個月投資三萬日圓，開始學習芳香療法。

直美女士不只學習各種精油的功效，還學習如何調製自己喜歡的香味。手工製作的肥皂、除臭劑、清潔劑等，也是芳香療法課程的一環。此外，她每天都會使用具有放鬆效果的芳香按摩霜，為從事客運司機工作的丈夫按摩雙手。節目採訪的當天，她正用著自己做的柑橘香味噴霧清潔劑，開心地打掃廁所。

如此一來，雖然日用品費得以省下的金額不多，但是直美女士獲得的自我肯定以及自信，讓她不再囤積日用品，家中用不到的物品也逐漸減少。

接下來，直美女士想從事自己能力可及的工作，開始學習照護管理，並考取照護管理師執照。雖然因此花了不少錢，但她很有自信地說：「這是投資。」

「錢應該花在必要的事物上。雖然現在還是赤字狀態，但我有信心，這些投資能為我們未來的生活加分。比起以前什麼都不想，想要什麼就買什麼的生活，我反而覺得現在的生活更快樂，因為我們終於知道什麼對自己而言是最重要的。以前就算把錢用在必要事物上，也會感受到花錢的罪惡感。跟現在相比，過去什麼都不懂、隨便亂花錢，可能還比較辛苦呢！現在就算只是一點小改變，也能感受到幸福。」

沉默寡言的丈夫只用一聲簡單的「嗯」附和，作為採訪結束的訊號。

這是《朝一》的「女人理財」單元最後的錄製影像。

那個瞬間，浮現在我腦中的想法是：「咦？節目開始明明是要告訴大家如何存到錢、如何讓錢增加，最後卻以沒有錢也能很幸福收尾，這樣真的沒問題嗎？」但最後還是就這樣播出了。

不管是NHK內部還是收看的觀眾，都沒有人對本集節目的結論做出任何批評。如果能將直美女士透過積極投資，成功消弭人生不安的故事意義傳達給大家，這樣就足夠了。

＝橫　山＝

直美女士和伊豫部小姐，都成功找到對自己而言真正重要的事物。沒有錢未必會不幸，而有錢也不見得能夠獲得幸福。

每個人對幸福的定義都不同。在與這麼多委託人洽談過之後，我察覺到一件事，那就是收入越高、越有錢的人，反而越容易感到不幸。

不論是用錢方式還是儲蓄方法，你都不是為了受到他人表揚才去做，也不能讓他人來為你做決定，這是必須自己決定的事。硬是將浪費行為正當化，或是找一堆做不到的藉口，這些都是不好的行為。就算現在收入很少、沒有很多錢，但如果能坦然接受現狀，並抱持著感恩的心情，事情就會朝好的方向發展。

正因為我從事能夠直接聽取眾人心聲的工作，才能夠察覺到這些事情。

不要把金錢當成人生的重心，當下的你才是人生中的主角。抱持這樣的信念，就不會再被金錢所操控，並且有所改變。

存錢筆記

❶對生活的不安會反映在金錢上，改變生活態度才能真正消弭不安。

❷滿足低層次的外在需求，追求更高境界的內在需求，你將不再被外在的欲望所操控。

❸面對困境時，坦然接受現實，才能獲得解決困境的動力。

❹懂得花錢，才能存錢。消極的投資雖然不會立即見效，但總有一天會以非金錢的形式，反饋回自己身上。

❺不要把賺錢當成人生的重心，就不會被金錢所操控。

編輯部整理

後記

希望40歲後的你，能成為支配金錢的聰明人！

我對伊豫部小姐的印象之一是：「太投入工作，連跑進攝影機鏡頭裡也毫無自覺的導播。」她因為過於投入採訪工作，下意識地移動到攝影機前面，結果鏡頭裡映上了她的身影。明明身為採訪者，絕對不能出現在鏡頭裡……明明應該是專業人士……。

她是一位好奇心旺盛的人，不管對方說什麼，她都會專心傾聽，而且會認真地研究。然後，她會從聽到的內容中，擷取大家可能會感興趣的部分，用盡全力傳達給大家知道。

我和伊豫部小姐的工作內容有個共通點，那就是「傳達訊息」。

雖然對象是電視機前面的觀眾，或是眼前確實存在的某人，兩者的傳達方式會有所不同，但基本的原則是一樣的。伊豫部小姐讓我重新審視了這點。

一直以來，我總是以自己的方式認真努力地工作，但我是否在不知不覺間，覺得只要做好自己能力範圍內的事情就好了？我是不是將傳達訊息視為理所當然，卻忘記我之所以可以坐在這裡，是受到許多人的恩惠？

和伊豫部小姐的合作，讓我想起了迄今為止，那些本來應該傳達卻未能傳達給客戶的話。

我想再一次思考金錢相關課題。我想傳達給各位的金錢觀是什麼？又應該如何傳達？我想知道，大家希望從我這裡獲得的訊息是什麼？

這個想法成為我和伊豫部小姐合作出版本書的契機。我們能夠撰寫這本書，真是太好了。我想以淺顯易懂的文字，將這些訊息傳達給各位。

在我們寫完各自負責的部分後，在最後的一刻，我問了伊豫部小姐一個問題：「對伊豫部小姐而言，錢的定義是什麼？」

她給了我這樣的答案：「我從以前一直覺得自己是個無能的人。因此，只要一想到哪天可能沒錢，就會陷入無盡的恐慌中。大概是因為這樣的想法，我才會被錢操控吧。雖然現在也不能說已經完全不害怕，但是我已經明白，看待金錢的方式將完全反映在自己身上。從本質上來看，我認為金錢是人與人之間信賴的證據。所以，瞧不起生活的人，他的金錢觀及用錢方式也會扭曲。」

伊豫部小姐的見解，讓我深有同感。我也認為，**金錢就是自己生活態度的投影**。在看過這麼多案例後，更加肯定這個想法。換句話說，只要懂得珍惜金錢，就是懂得珍惜自己。

或許是因為經常看到錢造成的負面影響，也或許是因為自己曾為了錢而吃盡苦頭，每當有人問我「錢到底是什麼」時，我有時很想衝動地回答：「錢是危險物品。」

更極端的情況下，錢會改變一個人的個性，會誘使人犯罪，有時甚至會和死亡掛勾。

因此，我希望能找到與金錢和睦相處的方式，讓錢只是一個工具。只要能做到這點，就算不幸遭遇危機，也可以重新振作。

不論金錢有多麼萬能，它終究只是一種手段，絕對不是目的或終點，希望大家牢記在心。認為有錢就是幸福，這是個愚蠢的想法。希望大家都能像伊豫部小姐一樣有所體悟，不要對金錢追求安全感，最重要的是充實自己的未來。

成也金錢、敗也金錢。錢財雖然不是最重要的，但是希望各位能夠為了自己，珍惜地使用它。

在此，我想向協助本書成功出版的所有人士致上謝意。

特別感謝編輯笠井麻衣小姐，給了我許多建議與啟示。還有伊豫部小姐，讓您承擔這麼多事情，也幫我很大的忙，容我再次感謝與您的相遇。

希望我們的想法及熱忱能夠順利傳達給各位。如果有機會的話，請務必將你們實踐的感想與成果告訴我，我非常期待。

NOTE

＿＿＿＿＿＿的家計簿

／ （五）	／ （六）	／ （日）	合　計

※編輯部整理

附錄：自製家計簿（範例）

	／ （一）	／ （二）	／ （三）	／ （四）
消費				
浪費				
投資				
合計				
備註				

國家圖書館出版品預行編目(CIP)資料

社畜的理財計畫：日本財務規畫專家教你如何 40 歲前存到 3000 萬！
/ 橫山光昭，伊豫部紀子著；黃瓊仙譯
-- 二版. -- 新北市 ； 大樂文化 , 2022.03
面 ； 公分. –（UM：33）
譯自：NHK「あさイチ」お金が貯まる財布のひみつ
ISBN 978-957-8710-67-2（平裝）
1. 儲蓄　2. 家計經濟學
421.1　　109002633

UM 033

社畜的理財計畫

日本財務規畫專家教你如何 40 歲前存到 3000 萬！

（原書名：《當「低價買進」即將到來，你應該有的存錢態度》）

作　　者／橫山光昭、伊豫部紀子
譯　　者／黃瓊仙
封面設計／蕭壽佳
內頁排版／思　思
責任編輯／許育寧
主　　編／皮海屏
圖書企劃／張硯甯
發行專員／呂妍蓁、鄭羽希
會計經理／陳碧蘭
發行經理／高世權、呂和儒
總編輯、總經理／蔡連壽
出 版 者／大樂文化有限公司（優渥誌）
地址：220 新北市板橋區文化路一段 268 號 18 樓之一
電話：（02）2258-3656
傳真：（02）2258-3660
詢問購書相關資訊請洽：2258-3656
郵政劃撥帳號／50211045　戶名／大樂文化有限公司

香港發行／豐達出版發行有限公司
地址：香港柴灣永泰道 70 號柴灣工業城 2 期 1805 室
電話：852-2172 6513　傳真：852-2172 4355

法律顧問／第一國際法律事務所余淑杏律師
印　　刷／科億實業有限公司

出版日期／2016 年 11 月 10 日
2022 年 3 月 17 日二版
定　　價／300 元（缺頁或損毀的書，請寄回更換）
I S B N　978-957-8710-67-2

優渥叢書

優渥叢書